Michael Aufhauser

Meine schönsten Katzengeschichten

A Happy Ending for Rescued Cats

Michael Aufhauser

Meine schönsten Katzengeschichten

A Happy Ending for Rescued Cats

teNeues

INHALT | CONTENT

GUT AIDERBICHL

Vorwort

Fast fünf Jahrzehnte hatte es gedauert, bis ich mich entschloss, in häuslicher Gemeinschaft mit Katzen zu leben. Warum nur habe ich so lange gezögert, frage ich mich heute. Ich kann mir inzwischen mein Haus ohne sie gar nicht mehr vorstellen. Seit sechs Jahren schon wohne ich mit einer Katzenfamilie unter einem Dach und bin ein Katzenfan geworden.

Meine frühere Zurückhaltung lag natürlich auch daran, dass ich schon immer Hunde um mich hatte. Außerdem kamen mir Katzen so unnahbar vor. Die Eleganz ihrer Bewegungen, diese Distanziertheit bisweilen, ihre Selbstständigkeit hatten mich zwar beeindruckt, aber trotzdem behielten sie etwas schwer Einschätzbares für mich. Ich bewegte mich nahe am allgemeinen Vorurteil.

Inzwischen habe ich von meinen Katzen gelernt, dass die Basis jeder Beziehung gegenseitiger Respekt und Rücksichtnahme sind. Und dass einseitige Dominanz einem ehrlichen Miteinander im Weg steht.

Anfangs war es, als müsste ich eine Fremdsprache lernen. Das fängt schon mit der Art und Weise an, wie mich meine Katzen begrüßen, wenn ich nach Hause komme. Jede anders, ganz individuell. Kater Rodi zum Beispiel stürmt mir entgegen, während Venus sich demonstrativ zurückzieht. Manche Katzen brauchen eben mehr Zeit, um Nähe aufzubauen. Sie sind alle unverwechselbare Persönlichkeiten, ehrlich und schwer zu bestechen, und mir kommt es vor, als wollten sie immer wieder aufs Neue erobert werden.

Preface

Almost five decades went by before I made any decision to live under one roof with cats. Today, I ask myself why the heck it took me so long. Now I can't even imagine my house without them! For the last six years, I've had a whole family of cats living in my house and now I'm a big fan of cats.

Of course, part of my old hesitation stemmed from the fact that I'd always been around dogs. Besides, I used to think of cats as being very aloof. As much as I admired the elegant way they moved, due to their occasional air of indifference and independence I found it hard to figure them out. I guess I came within inches of buying into this old prejudice myself.

By now, my cats have taught me that every relationship is based on mutual respect and consideration, and that one-sided dominance always stands in the way of any genuine relationship.

At first, it was like having to learn a foreign language. It all starts with the way my cats approach me when I come home. Each one has a different and very individual way. For example, Rodi, one of the males, will come running up to me, while Venus will

In Deutschland und Österreich leben auf mittlerweile elf Höfen über 1000 gerettete Tiere unter dem Schutz von Gut Aiderbichl. Darunter befinden sich auch etwa 60 Katzen unterschiedlichster Herkunft, allesamt ausgeprägte Individuen: Hofkatzen, die großen Wert auf Streifzüge legen, ehemalige Wohnungskatzen, die nun behütet in unseren beiden Katzenhäusern leben, und gerettete Katzenbabys.

In diesem Buch erzähle ich Ihnen meine schönsten Katzengeschichten, und lasse Sie an meinem Wissen und meinen Erkenntnissen über die individuellsten Tiere, die ich kenne, teilhaben.

demonstratively withdraw. Some cats just need a little more time to open up, I guess. In any case, they're all a bunch of highly unique characters, honest and not easily swayed, and I can't help thinking they'd love to be won over again and again.

Today, Gut Aiderbichl shelters well over 1,000 rescued animals across a total of eleven sanctuaries in Germany and Austria. These include approximately 60 cats from all kinds of backgrounds, all of them distinct individuals: farm cats given to patrolling the grounds, former "residential" cats now living their protected lives in our two cathouses, as well as rescued kittens.

I'd like to use this book to share with you not only my most fantastic cat stories, but also the knowledge and insight I've learned about the most highly individual animals I know.

Die 10 Gebote der Katzenhaltung

von Michael Aufhauser

1. Du sollst vor dem Kauf einer Katze in dich hineinhören, warum du sie kaufen willst, wenn es doch so viele heimatlose Katzen gibt.

2. Du sollst in der Katze nicht eine pflegeleichtere Alternative zum Hund sehen. Wer Katzen richtig hält, übernimmt die gleiche Verantwortung.

3. Du sollst dich und deine Lebenspartner auf Allergien testen lassen, und zwar bevor du eine Katze aufnimmst.

4. Du sollst einfühlsam beobachten und abwägen, ob deine Katze sich als Wohnungskatze wohlfühlen wird oder ob sie eventuell einen Platz mit Freilauf vorziehen würde. Bei der Entscheidung steht das Glück der Katze im Vordergrund.

5. Du sollst durch Kastration und Sterilisation mithelfen und dazu beitragen, dass sich die Katzenpopulation nicht noch mehr vergrößert.

6. Du sollst wissen, dass deine Katze von Natur aus nicht nur Trocken- oder Dosenfutter liebt. Sie sollte ab und zu mit etwas Außergewöhnlichem überrascht werden.

7. Du sollst nicht enttäuscht sein, wenn sich deine Katze zu einem anderen Familienmitglied oder gar dem Nachbarn mehr hingezogen fühlt als zu dir. Katzen sind Individualisten und wollen nicht manipuliert werden.

8. Du darfst nie vergessen, dass deine Katze teure Möbelstücke von Bäumen nicht unterscheiden kann.

9. Du sollst Katzen nicht in Straßen- oder Waldnähe frei laufen lassen. Verunfallte Katzen sterben oft langsam, und im Wald dürfen Katzen abgeschossen werden.

10. Du sollst Vorsorge treffen, weil du früher als deine Katze sterben könntest und sie weiterhin versorgt werden muss. Dazu gehört auch ein Protokoll ihrer Eigenheiten und Vorzüge, das die späteren Halter ausreichend informiert.

The 10 Commandments of Cat Keeping

by Michael Aufhauser

1. Before buying a cat, thou shall listen to thy heart as to why thou wants to buy a cat when there are so many homeless cats out there.
2. Thou shall not see a cat as an easier alternative to a dog. They who keep cats the right way assume like responsibility.
3. Thou shall have thyself and thy partners tested for allergies before thou adopts a cat.
4. Thou shall be open-minded in observing and judging whether your cat will feel more comfortable in an apartment or in a place with outdoor access. Thou shall base thy decision on the well-being of the cat.
5. By spaying or neutering, thou shall contribute to keeping a lid on the already sizable cat population.
6. Thou shall be aware that it's in your cat's nature to enjoy other food besides dry or canned foods. Thou shall occasionally surprise her with something out of the ordinary.
7. Thou shall not be disappointed if your cat feels more attracted to another member of the family or even to a neighbor than to you. Cats are individualists and don't like being manipulated.
8. Thou shall never forget that cats cannot tell expensive furniture from trees.
9. Thou shall not let cats run free near roads or woods. Injured cats often die a slow death and cats are allowed to be shot in the woods.
10. Thou shall take necessary precautions, given that you may die before your cat does and someone else will have to care for your cat, including a list of its personality traits and preferences for the information of potential new owners.

Unter einem Dach mit geretteten Katzen

UNDER ONE ROOF WITH RESCUED CATS

Minki, meine Katze, die täglich duscht

Ein Ehepaar, das sich bei mir telefonisch meldete, hatte ein Problem mit der Oma, genauer gesagt, mit deren Katze Minki. Der Oma ging es nicht gut, und dorthin, wo man sie jetzt verlegt hatte, durfte sie ihre Katze nicht mitnehmen. Das Ehepaar hatte keinen Platz und keine Zeit, und so begann ein Countdown von 24 Stunden, nach dessen Ablaufen Minki getötet werden sollte, wenn ich sie nicht nehmen würde. Ich, der relativ unerfahrene Katzenhalter.

Im ersten Stock meines Wohnhauses leben bereits drei heimatlos gewordene Katzen, Gina, Venus und Angelina, und die beiden Kater Rodi und Garfield. Den Tag über verbringen sie in einem sehr großen Gehege und sind keine Kinder von Traurigkeit. Dort könnte sie ja eigentlich mitwohnen, dachte ich, und erlaubte Minkis Einzug.

Bei ihrer Übergabe wurde das Ehepaar etwas deutlicher: Minki war der freien Natur völlig entwöhnt worden und lag eigentlich Zeit ihres Lebens neben der bettlägerigen Oma. Die beiden taten sich gegenseitig gut, und Minki schleckte mehrmals am Tag die Hand der Oma ab, kuschelte sich an sie, damit sie sich nicht so einsam fühlte. Das Ehepaar verabschiedete sich, und ich habe nie wieder etwas von ihnen gehört.

Behutsam brachte ich die Transportbox in die Wohnung der Katzen. Diese hielten sich gerade auf einem der vielen Katzenbäume im Badezimmer auf. Als ich das Türchen des Transportkäfigs öffnete, erlebten sie und ich ein blaues Wunder. Wie eine Tigerin sprang Minki heraus. Zuerst zu dem herzlichen Kater Rodi. Sie erhob ihre Pfote, als wolle sie

Minki, My Cat That Showers Everyday

I received a phone call from a couple that had a problem with their grandma or, more precisely, with grandma's cat, Minki. Their grandma hadn't been feeling well, and the home where she moved into didn't permit her cat. Since the couple had neither the room nor the time, a countdown of 24 hours began, after which Minki would be put to death if I didn't take her in. Me–who knew relatively little about keeping cats.

On the first floor of my residence, I've already got three homeless cats–Gina, Venus and Angelina–as well as two he-cats, Rodi and Garfield. During the day, they live in a very large kennel and they're not known for moping. Why not just put her in there, I thought to myself and gave the go-ahead for Minki to move in.

When that day came, the couple added an interesting detail: Minki had been completely out of touch with the outdoors, having spent the better part of her life by the side of bedridden Grandma. They kept each other company, with Minki licking Grandma's hand several times a day and snuggling up to her, so she didn't feel too lonely. The couple bid farewell and I never heard from them again.

So I carefully placed the transport box in the living space of the cats. The latter were hanging out on one of the many cat trees in the bathroom. As soon as I opened the door of the transport box, the cats and I were in for a big surprise: Minki came charging out like a tigress. Her first target was Rodi, the mellow he-cat. She raised her paw as if she wanted to drive a pole into the floor. Instead, she delivered a furious blow to his head. Then she slapped the others and, hissing madly, scared them away. Panicked, they ran off for a place to hide.

einen Pfosten in den Boden rammen und schlug ihm mit aller Gewalt auf den Kopf. Dann ohrfeigte sie die anderen und vertrieb sie fauchend. In Panik rannten sie davon und versteckten sich.

Ich steckte Minki wieder in ihre Transportbox und brachte sie ein Stockwerk höher in meinen kleinen privaten Salon. Sie wissen schon, was ich meine: Wo ich es mir halt gemütlich mache und die berühmte Couch steht, auf die man sich gerne einmal hinlegt und Fernsehen schaut. Das Sofa hatte ich vor vielen Jahren für einen damals für mich fast unerschwinglichen Preis erstanden. Rot und mit einem angenehm kuscheligen Stoff bezogen, ist es mein eigentliches Zuhause.

Mühevoll baute ich gemeinsam mit Hans Eder, der meine Katzen mitversorgt, zwei riesige Kratzbäume, die bis zur Decke reichten, auf. Meine neugierige Hündin Lucy, die Katzen liebt, kam kurz vorbei, um Minki zu begrüßen. Ich ließ die beiden diskret alleine.

Mit eingezogenem Schwanz, wie ein geölter Blitz, schoss Lucy plötzlich den Gang entlang und versteckte sich hinter meinem Bett im Schlafzimmer. Lucy war wohl genau so begrüßt worden wie Rodi. Minki und ich waren fortan die Einzigen, die zum blauen Salon Zutritt hatten.

Ich interessierte sie anfangs relativ wenig. Minki war aufgeregt, und ihre ganze Welt war durcheinander gekommen. Die Oma war weg, ihre sanften Hände, und was sie stattdessen vorfand, waren Hundegerüche und alltäglicher Wirbel in meinem Haus. Kein Wunder, dass einige Tage vergingen, bis sie auf mich zukam. Umso inniger war dann unser Kennenlernen. Was sie interessierte, war meine Hand, die sie erst einmal abschleckte. Und dann faszinierte sie mein Bauch. Sie stellte sich darauf und begann sich mit den Vorderpfoten hin und her zu bewegen.

I put Minki back into her transport box and took her one floor up to my small, private salon. You know the one I'm talking about: the place where I just kick back with the famous couch where one can lie down and watch TV every once in a while. I had bought that couch many years ago when I could barely afford it. Red and lined with a cozily soft material, it is what I truly call home.

Together with Hans Eder, who also helps care for my cats, I put a lot of effort into building two enormous scratching posts that actually touch the ceiling. Lucy, my curious dog who loves cats, briefly stopped by to meet Minki. Discreetly, I left the two of them alone.

Next thing I know, Lucy is running down the hall with her tail held low, like a bat out of hell, and trying to hide behind my bed in the bedroom. I guess Lucy received the same welcome as Rodi. From that point on, Minki and I were the only ones allowed access to the blue salon.

At first, Minki didn't take a whole lot of interest in me. She was on edge, as her whole world had turned upside down. Grandma and her tender hands were gone and Minki found herself confronted with the smell of dogs and the daily chaos of my house. No wonder then that several days passed before she approached me. But once she did, we got to know each other that much closer. The first thing that interested her was my hand, which she proceeded to lick. Then she became fascinated with my stomach. She climbed on my stomach and began moving her front paws to and fro on it.

Ich rief meine Katzenfreundin Erika in Wien an: „Treteln nennt man das!". Eine Liebesbekundung, die in den Bereich der Milchsuche fällt. Nun gut, dachte ich, wenn's weiter nichts ist. Nach einigen Tagen, Minki ging es schon sichtlich besser, fand ich sie in richtig guter Laune im blauen Salon schnurrend und spielend vor. Sie war ein bisschen erschöpft, denn sie hatte aus ihrer Sicht Mächtiges geleistet. Meine Couch bestand nur noch aus Fäden und Fetzen. Ich nahm alle Tierliebe, die ich in mir habe, zusammen und lobte sie, was sie mir bis heute dankt. Ich habe dann ein paar schöne Decken über die Couch gelegt, aber sie fand noch lange Zeit Flächen zum Bearbeiten. Auf dem Untergrund und hinter der Couch.

An einem wunderschönen Tag öffnete ich die Terrassentür. Ein großer Teil dieser Terrasse ist für Hunde nicht zugänglich. Die anderen Katzen hatte ich weggesperrt und hoffte nun, dass es sich Minki ein bisschen in der Sonne gemütlich macht. Doch Minki hasst nicht nur Katzen, sondern auch die freie Natur. Schlecht gelaunt lief sie mir zuliebe wie ein Storch im Salat über die Wiesenteile der Terrasse. Bald machte sie mir klar, dass ich mir den Ausflug ins Grüne mit ihr sparen kann. Außerdem hat sie ja nächst dem blauen Salon noch ein Gästezimmer und einen Balkon.
Aber ich sollte noch mehr über meine neue Mitbewohnerin in Erfahrung bringen. Am Abend liebt sie es, in der Dusche des Gästezimmers Platz zu nehmen. Beim ersten Mal stimmte sie dort ein beeindruckendes Geschrei an, und ich glaubte zu wissen, dass sie

So I called a friend of mine in Vienna, Erika, who's a cat lover: "It's called *treteln*!", a show of affection (with the paws) related to a cat's search for milk. Well, if that's all it is, I thought. A few days later when Minki was already doing better, I found her in terrific spirits in the blue salon. She was purring and playful. She was also a little exhausted, because, in her eyes, she'd accomplished something truly magnificent. My couch had been reduced to little more than strings and shreds. I gathered all the animal love I could muster and praised her, for which she still loves me to this day. I then placed a bunch of nice blankets on the couch, but, for a long time, she kept finding plenty of other areas to work on from below the couch and behind it.

I opened the porch door to a pristine day. A large part of my porch is off-limits to dogs and having locked away the other cats, my hope now was for Minki to catch some rays out in the sun. Minki, however, not only loathes cats but the outdoors too. In an effort to please me, she ventured out onto the grass parts of my porch as stiff as a board. She soon had me know that any effort to get her to go outdoors was a waste of time, and, besides, what's wrong with using the guestroom and balcony right next to the blue salon, anyway?

eine Art Telefonat durch das Abflussrohr mit Rodrigo und den anderen ein Stockwerk tiefer führt. Auf was doch Katzen alles kommen können, dachte ich. Ihr Geschrei wurde immer lauter.

Dass es sich um nichts anderes als um einen deutlichen Befehl handelte, erfuhr ich, als ich eines Tages unter der Dusche stand, und Minki plötzlich neben mir. Geduscht werden wollte Minki und nichts anderes. Und das von jetzt an täglich. Zweimal, wenn es sich ausgeht. Meine Katzenfreundin Erika wollte mir nicht glauben. Katzen seien wasserscheu, und was ich erzählte, hätte ich vielleicht geträumt.

Mit meinen Abenden von früher war für immer Schluss. Wenn ich nach oben in mein Stockwerk komme und meine Hunde versorgt habe, dann bin ich schon unterwegs und haste in den blauen Salon. Dort werde ich nämlich schon erwartet. Erst wird gebürstet, gestreichelt, geschnurrt, getretelt und dann gespielt. Das kann schon gut eine Stunde dauern. Danach gibt es Handverköstigungen. Auch hier muss genau ausgewählt werden, aber wenn ich es eilig habe und Minki merkt das, verzichtet sie auf ihr Betthupferl. Das Schnelle liegt Minki nicht. Ich habe angefangen sie zu lieben, ohne es zu merken. Ich vermisse Minki unendlich, wenn ich einmal nicht zuhause bin.

And that wasn't all I would learn about my new tenant. In the evening, she's partial to taking her place in the shower of the guestroom. The first time she went in, she went into some remarkable meowing, and I was positive she was somehow using the drainage pipe to communicate with Rodrigo and the others one floor below. Boy, the things that cats come up with, I remember thinking. Meanwhile, her meowing was getting louder and louder.

I didn't learn that it was nothing short of an unmistakable command until I was in the shower one day and discovered Minki standing right next to me. Minki wanted a shower and nothing else. Every day from now! Twice if you don't mind! My friend Erika, the cat lover, couldn't believe it. Cats hate water, she told me, and was I sure I didn't just dream the whole thing?

My evenings would never be the same again. Once I've been upstairs and taken care of my dogs, I'm on my way to the blue salon, where someone's already waiting for me. Then it's all about brushing, patting, purring, stroking and playing, all of which can last at least an hour. This is followed by a variety of goodnight treats. Minki, of course, is very picky in her choice, but when I'm in a hurry and Minki is aware of it, she doesn't mind skipping a goodnight treat. Minki is not one to haste. She captured my heart before I even knew it. I infinitely miss Minki whenever I'm out of the house.

It's as if Minki knew and planned the whole thing. Being as close to her as I am made me realize something about two years ago that could have ended in tragedy. She was running down the hall toward a doorframe and ran right into it. Then she proceeded into the shower and bumped into another doorframe. I took her in my arms and moved one of my hands in front of her eyes without touching her whiskers. Minki didn't even stir and just went on staring. A visit to the Munich animal hospital confirmed that Minki was now blind for good and that there was no help for her.

We arrived back home with a can of cat food that resembled medication of some kind. Minki also has bad kidneys, so from that point on, she was to eat the contents of that can. What kind of a life is that for her, I remember thinking. In desperation, I called my mother. She suffers from the human version of this eye disease, which caused her to gradually go blind. Nevertheless, she continues to enjoy life and remains grateful for every new hour. She renewed my courage, and Minki and I began spending even more

time together. Furniture may no longer be moved. Our welcome ceremony has changed as well. When entering the room, I call out her name first in order not to startle her. Then I place her in my arms like a baby, so she can touch my face with her paws. She'll then feel my chin, my lips and my cheekbones, right up to my glasses. Once she determines that it's me holding her, she'll start purring really loud.

After a few weeks, Minki began feeling like her old self again. I even encourage her to skip her strict, boring diet. That's all right though, because she's smart enough to know that she has to follow the instructions from the animal hospital at least to some degree. These days, I fall asleep in the room of my dogs and when I awake at night, I move to the salon to my dear Minki. Depending on her mood, she'll either snuggle up to me or she won't. Sometimes she feels like taking a shower at night. Once this becomes a routine, however, she no longer wants it. She's lost none of her individuality.

My mother and Minki have taught me not to fear a life with reduced senses. And living with Minki on the same floor under one roof reminds me everyday that a life with handicaps can be truly worth living too.

Es ist, als hätte Minki alles gewusst und geplant. Die Nähe zu ihr hat mich vor etwa zwei Jahren auf etwas aufmerksam gemacht, das tragisch hätte enden können. Sie lief über den Gang, schnurstracks auf einen Türpfosten zu und stieß sich an ihm an. Dann ging sie weiter in die Dusche und stieß sich wieder an einem Türpfosten. Ich nahm sie zu mir auf den Arm und bewegte meine Hand ganz nah vor ihren Augen, ohne ihre Schnurrhaare zu berühren. Rührungslos vor sich hinstarrend, zeigte sie keine Reaktion. Die Tierklinik in München bestätigte mir, dass Minki jetzt für immer blind ist und es keine Hilfe gibt.

Ausgestattet mit einer Katzenfutterdose, die wie ein Medikament aussah, kamen wir zuhause an. Minki ist auch nierenkrank und soll fortan den Inhalt dieser Dose essen. Was hat sie denn dann eigentlich noch von ihrem Leben, dachte ich. In meiner Verzweiflung rief ich meine Mutter an. Sie hat die Menschenvariante dieser Augenkrankheit und hat nach und nach ihr Augenlicht verloren. Dabei bleibt sie jedoch lebensfroh und ist auch heute noch dankbar für jede Stunde. Sie gab mir Mut, und Minki und ich verbrachten jetzt noch mehr Zeit miteinander. Kein Möbel darf mehr verrückt werden. Auch hat sich unser Begrüßungszeremoniell verändert. Beim Betreten des Raums rufe ich ihren Namen, um sie nicht zu erschrecken. Dann lege ich sie wie ein Baby in meinen Arm, so, dass sie mit ihren Pfoten mein Gesicht berühren kann. Sie tastet dann mein Kinn ab, meine Lippen, die Wangenknochen und bis hin zur Brille. Erst wenn sie festgestellt hat, dass ich es bin, der sie im Arm hält, beginnt sie ganz laut zu schnurren.

Und nach einigen Wochen fühlte sich Minki wieder wie vorher. Auch unterstütze ich sie bei der Umgehung der strengen langweiligen Diät. Sie ist aber selbst klug genug, dass sie größtenteils einsieht, dass sie sich wenigstens ein bisschen an die Vorschriften der Tierklinik halten muss.

Ich schlafe jetzt im Zimmer meiner Hunde ein, und wenn ich nachts aufwache, dann wechsle ich in den Salon zu meiner Minki. Je nach Laune kuschelt sie sich zu mir oder auch nicht. Manchmal möchte sie eine Dusche in der Nacht genießen. Kaum wird dies Routine, will sie es wieder nicht mehr. Sie hat nichts von ihrer Individualität verloren.

Meine Mutter und Minki haben mir die Angst vor einem Leben mit eingeschränkten Sinnen genommen. Und weil ich mit Minki unter einem Dach auf einem Stockwerk lebe, werde ich jeden Tag daran erinnert, dass auch ein Leben mit Handicaps richtig lebenswert sein kann.

Rodi aus dem Shuttle-Bus

Auf Gut Aiderbichl, dem Paradies für hauptsächlich große Tiere, gibt es jedes Jahr einen mittlerweile legendär gewordenen Weihnachtsmarkt. Da kommen von überall her so viele Menschen zu uns, dass der individuelle Autoverkehr an manchen Tagen eingestellt werden muss und Shuttle-Busse die Besucher vom Dorf auf das Gut bringen. Es ist dann so viel los, dass ich nicht mehr weiß, was ich zuerst tun soll: die Fragen der Besucher beantworten oder Mitarbeitern helfen, die meinen Rat brauchen.

Genau an so einem Tag meldete sich eine Mitarbeiterin bei mir. An ihrer Seite eine Besucherin, eine Journalistin, wie sich herausstellte. Sie sei Zeugin gewesen, dass ein kleiner süßer Kater in den Shuttle-Bus gesprungen sei und der Chauffeur ihn behutsam wieder vor die Türe setzte. Aber der Kleine sprang sofort wieder in den Bus. Das gleiche wiederholte sich dreimal, und so beschloss die Journalistin, als seine Retterin aufzutreten und ermöglichte dem Kater die Passage auf das Gut.

Die Journalistin war schlecht gelaunt, weil meine Mitarbeiterin, eine ausgebildete Tierpflegerin, Angst hatte, den Kater zu unseren freilaufenden Katzen zu lassen. Seine Augen waren verklebt und ein Sekret rann aus seiner Nase. Die Tierpflegerin war besorgt und bestand darauf, den kleinen Kater erst einem Arzt vorzustellen.

Rodi from the Shuttle-Bus

Every year, Gut Aiderbichl, the paradise for mostly big animals, hosts a Christmas market that has become legendary. That's when so many people come visit us that sometimes individual traffic has to be shut down and shuttle buses start taking visitors from the village to our sanctuary. On those days, we're so busy that I don't even know where to start: answer the questions of our visitors or help out staff members seeking my advice.

It was also on one of those days that one of my staff members approached me. She was in the company of a visitor, a journalist, as it turned out. The journalist had witnessed a small, cute he-cat suddenly hop in the bus. The driver kindly put him back outside. Except that the little cat jumped right back in. This went on for three times, before the journalist made up her mind to act as the cat's savior and cleared the way for that he-cat to our sanctuary.

The journalist was irritated when my staff member, a trained animal caretaker, expressed concern at letting the he-cat mingle with our free-roaming cats. His eyes were still encrusted and some secretion was coming out of his nose. The animal caretaker was worried and insisted on taking the little cat to the vet first.

The journalist threatened to write a very negative article about Gut Aiderbichl if that cat wasn't immediately allowed to join the others. I finally managed to calm her down by giving her my word to take personal care of the little cat. I didn't do so because of her threat, but simply because we've never abandoned any animal that made it so close to us. So that evening, I took that little he-cat with me to my private residence in Salzburg. Then I had to promise our veterinarian, Dr. Spielvogel, that I wouldn't put him together with the other cats, until his secretion problem and his encrusted eyes improved.

I called the little he-cat Rodi in homage to my deceased dog, Rodrigo. The little cat was just a few months old and constantly had to sneeze. However, he wasn't terminally ill, as our vet confirmed to me. What he needed now was closeness to people and plenty of warmth. Spending the next few weeks in our arms and being passed around like a trophy, he developed the habit of touching our cheeks with his nose like little kisses, his way of saying "thank you." As time went by, he turned into a regular stud. Today, three

Die Journalistin drohte mit einem schlimmen Artikel über das Gut, wenn der Kater nicht augenblicklich zu den anderen dürfe. Es gelang mir schließlich, sie zu beruhigen, und ich versprach hoch und heilig, mich persönlich um den Kleinen zu kümmern. Nicht wegen ihrer Drohung, sondern weil wir noch niemals ein Tier, das uns so nahe kam, im Stich gelassen haben. Und so machten sich der kleine Kater und ich am Abend auf den Weg nach Salzburg in mein Privathaus. Unserer Tierärztin, Frau Dr. Spielvogel, versprach ich, ihn erst dann mit anderen Katzen zusammen zu bringen, wenn kein Sekret mehr abgesondert würde und die verklebten Augen sich gebessert hätten.

Ich taufte den Kleinen auf den Namen Rodi, im Andenken an meinen verstorbenen Hund Rodrigo. Der Kleine war einige Monate alt und musste ständig niesen. Aber er war nicht

todkrank, wie mir unsere Tierärztin bestätigte. Er brauchte jetzt die Nähe zu Menschen und viel Wärme. Als er die nächsten Wochen, wie ein Wanderpokal herumgereicht, auf unseren Armen verbrachte, gewöhnte er sich an, uns mit der Nase an die Wange zu stupsen, wie ein kleines Bussi, mit dem er Danke sagen wollte. Nach und nach entwickelte er sich zu einem Prachtkerl. Heute, nach drei Jahren, spielt er immer noch wie ein junges Tier, geht auf die Menschen zu und ist nur lieb. Wenn es ihm ganz gut geht, legt er sich auf den Rücken und man darf seinen Bauch streicheln. Das mit dem Bussigeben, hat er beibehalten.

Ich habe mich immer für das Schicksal von Katzen interessiert, und viele gerettet. Auch aus einer Gaskammer in Málaga, wo streunende Tiere getötet werden. Sie sind überhaupt in manchen Ländern im Süden Europas oft nur geduldet. Treten viele auf, gelten sie als Hygieneproblem. Was bleibt: sich für Kastrationsprogramme vor Ort einzusetzen. Aber auch das hilft wenig, wenn am Ende der Touristensaison Gift ausgelegt wird.

Das erlebte ich selbst einmal, als ich noch in der Tourismusbranche tätig war und in einem Hotelkomplex in Torremolinos bei Málaga ein Büro hatte. Eine kanadische Mitarbeiterin stand eines Tages mit gebrochenem Herzen vor mir. In der Hand hielt sie

years later, he still plays around like a young animal, comes up to people and is everybody's darling. If he's in a really good mood, he'll lie on his back and everybody can stroke his tummy. He still offers his little kisses too.

I've always been interested in the fate of cats and saved many of them, even from a gas chamber in Málaga, Spain, where stray animals are killed. In fact, some countries in southern Europe merely tolerate them, at best. Generally, they consider large numbers of stray animals a hygiene problem. All you can do in those countries is support local spaying or neutering programs. But even that does little good when they lay out poison traps at the end of the tourist season.

I witnessed that myself once when I still worked in tourism and I had an office in a hotel complex in Torremolinos near Málaga. One day, a Canadian co-worker of mine came to me broken-hearted. In her hand, she held her little cat that she'd saved out of a garbage can and that she'd given months of loving care to. The hotel manager had promised her that no poison traps would be laid out. Unfortunately, somehow that promise wasn't relayed within the hotel, and her poisoned cat died of internal bleeding.

I've spent many years dealing with the ordeal and rescue of animals from day to day. And Rodi always reminds me not to forget about cats either. I see him everyday, and he

ihr kleines Kätzchen. Sie hatte es aus der Mülltonne gerettet und liebevoll monatelang umsorgt. Die Hoteldirektion hatte versprochen, keine Giftköder auszulegen. Aber dann wurde dieses Versprechen im Haus nicht kommuniziert, und ihr vergiftetes Kätzchen verblutete innerlich.

Tag für Tag habe ich seit vielen Jahren mit dem Leid und der Rettung von Tieren zu tun. Dass ich auch die Katzen nicht vergesse, dafür sorgt Rodi. Ich begegne ihm täglich, und er erinnert mich daran, die Menschen über die Lage seiner Artgenossen aufzuklären, die schlimmsten Fälle aufzunehmen und für sie ein Leben lang zu sorgen.

Die Qual der Katzen kennt keine Grenzen. Auch bei uns werden die Jungen noch oft in Säcke gesteckt, die mit Steinen beschwert sind, und zum Ertränken ins Wasser geworfen. Von den vielen Katzen, die für oft überflüssige Tierversuche verwendet werden, ganz zu schweigen. Obendrein sind sie für viele Menschen unberechenbare Lebewesen, die sich heimtückisch anschleichen und Genuss dabei empfinden, Mäuse einem langsamen Tod zuzuführen.

Dazu kann ich nur soviel sagen: Die Katze folgt ihrem natürlichen Programm. Niemals würde sie 1000 Mäuse fangen und sie in einem Labor abgeben. Wie man von der Falschheit der Katzen sprechen kann, ist mir unerklärlich. Im Gegenteil, sie zeigen ihre Zuneigung unmittelbar allen Menschen, zu denen sie sich hingezogen fühlen. Sie sind ehrlich und verhehlen auch ihre Abneigung nicht, als hätten sie nichts zu verlieren. Das schmerzt so manchen Blender und macht ihn nicht unbedingt zum Katzenfreund.

Wenn mein Mentor Rodi neben mir Platz nimmt und laut schnurrt und mir von sich und seiner Art „erzählt“, dann wünsche ich mir oft, ich könnte ihn seiner Lebensretterin vorführen. Aber sie ist nie wieder gekommen und hat sich auch nicht nach ihm erkundigt.

reminds me to expose people to the situation of other cats out there, to take on the worst cases and to care for them all life long.

The misery of cats knows no borders. Even in our civilized society, there are still many cases of kittens being stuffed in bags, weighed down with stones and tossed into the water to drown—not to mention the many cats often used for obsolete animal experiments. Moreover, many people just regard cats as unpredictable creatures that cowardly creep up on their prey and enjoy killing mice slowly.

All I can say is this: cats follow their natural instinct. They'd certainly never catch 1,000 mice and turn them over to some lab. I find it mind-boggling how anybody can accuse cats of being conniving. On the contrary, cats directly display their affection to anyone they feel attracted to. They are honest and won't hide their disaffection either, as if they had nothing to lose. Maybe that's what irks some impostors and keeps them from warming up to cats.

Whenever Rodi, my mentor, purrs loudly, sits next to me and starts "telling" me about himself and his kind, I often wish I could introduce him to the lady who saved his life. However, she never came back and has never asked about him either.

Angelina und Garfield
Willkür ohne Herz

Über das Leid der Katzen weltweit wird immer wieder berichtet. Wie aber sieht es bei uns aus, in einer Welt, in der die Katze das Lieblingshaustier ist? Auch bei uns leiden sie nicht selten, nur anders. Unfreiwillig werden sie häufig zu Opfern der Kehrseite unserer Zivilisation.

Jeder Mensch kann sich eine Katze zulegen, seine Eignung steht nicht zur Debatte. Auch wenn die Absichten grundsätzlich gut sind, wenn sich jemand eine Katze als Hausgenossen wünscht, ist nicht jeder in der Lage oder weitsichtig genug, seine Lebenssituation für die nächsten 15 bis 20 Jahre einzuschätzen. So werden viele Katzen zu Scheidungswaisen, werden zurück- oder abgegeben, weil in der Familie eine Katzenhaarallergie auftritt oder ganz einfach, weil der Vermieter sich übergangen fühlt und die Katze nicht dulden möchte. Für viele Katzen beginnt dann ein stiller Leidensweg. Die Natur hat sie, besonders wenn sie jung sind, mit einem unglaublichen Charisma ausgestattet, aber im Alter tun sie sich schwer, die Herzen ihrer neuen Besitzer zu gewinnen, wenn sie überhaupt noch einmal eine Chance dazu bekommen.

Angelina and Garfield
Heartless Arbitrariness

Not a day goes by without some story about the plight of cats around the world. So, what about our world, where cats are the most popular pets? Alas, many of them fare badly in our world as well. Just not in the same way. Often, they become unintentional victims of the downside of our civilization.

Anybody can adopt a cat without raising the issue of qualification. As good as our intentions may be, whenever we choose a cat for a house pet, not all of us are capable or foresighted enough to ponder what the next 15 to 20 years may look like. That's why a lot of cats are orphaned by divorces, returned or given away due to an unforeseen case of cat allergy in the family, or for the simple reason that a landlord wasn't consulted first, so the cat had to go. For many of the cats, it's the beginning of a silent ordeal. Nature has given cats an amazing charisma, especially when they're young. As they grow old, however, they have a harder time finding a way to the hearts of their new owners, if they ever get another chance at all.

This is what has made me the owner of so many cats, especially in the case of a cat couple–Angelina and Garfield. Frightened out of their minds, both of them had been delivered to my house in a transport box. My house was already home to Gina and Venus, who'd been left there not long before that, under similar circumstances. Somebody had apparently decided that they could no longer stay at wherever it was they'd lived before. And, as always, that somebody was in a great hurry to get rid of them–the same rash process involved in buying them in the first place. The first response they get is followed by a sigh of relief: "The cats are out of the house and they'll be fine! We never screwed up, after all!"

Weil das so ist, wurde ich Besitzer vieler Katzen, insbesondere des Katzenpärchens Angelina und Garfield. Völlig verstört wurden die beiden in einer Transportbox zu mir nach Hause gebracht. Dort lebten bereits Gina und Venus, die kurz vorher unter ähnlichen Umständen abgegeben worden waren. Sie konnten einfach dort, wo sie lebten, nicht bleiben. Wie üblich wollte man sie ganz schnell loswerden, genauso überstürzt, wie man sie gekauft hatte. Sagt man zu, gibt es ein Aufatmen: Sie sind weg, und es wird ihnen gut gehen. Man hat also trotzdem alles richtig gemacht.

Wie gerne hätte ich es Angelina und Garfield erklärt, dass ich mich wirklich bemühen wollte, ihnen wieder das Vertrauen zurückzugeben, das sie in die Menschen gesetzt hatten. Das Erlebte, der Verlust ihrer Heimat und ihrer Bezugsmenschen, hat in ihnen jedoch ein Misstrauen etabliert, das sie wahrscheinlich nie ganz verlieren werden.

Angelina sah mich mit ganz ängstlichen Augen an. Ein Übergabeprotokoll wurde nicht erstellt. Auch hatten die Menschen, die sie brachten, nichts Markantes über sie sagen können. Vielleicht waren die Überbringer nur hilfreiche Freunde der Besitzer. Sie wussten jedenfalls nicht viel über die Tiere.

Mit dem Spielzeug, das Gina und Venus hatten, konnten sie überhaupt nichts anfangen. Auch nicht mit frischem Futter. Ausgestattet mit einer Auswahl von herkömmlichem Katzenfutter begann ich ihre Ernährungsgewohnheiten zu erforschen. Der rot getigerte Garfield hatte auffällig gelbe Zähne und war leichter nahbar. Nach einigen Tagen konnte man sie beide berühren. Wenn ich allerdings den gesamten Zeitraum bedenke, den sie brauchten, um so glücklich zu sein, wie sie heute sind, muss sie der Verlust ihres vorhergehenden Platzes viel mehr mitgenommen haben, als ich anfangs angenommen hatte.

Heute leben die beiden tagsüber mit drei Artgenossen in einem großen Freilaufgehege, mit Bäumen, einer kleinen Holzhütte, hohem Gras und jeder Menge Spähplätze, von denen aus sie meinen ganzen Garten beobachten können. Nachts haben sie den gesamten ersten Stock für sich.

Was Angelina ausmacht, ist eine unglaubliche Neugier. Und Garfield ist der Techniker. Die Wohnungstüre lässt sich per Knopfdruck auf einen elektrischen runden Griff öffnen. Es dauerte nicht einmal eine Woche, bis Angelina ihren eher trägen Partner Garfield auf

If only I'd had some way to make Angelina and Garfield understand that I tried really hard to restore the trust they had placed in those people. Unfortunately, everything they've been through, the loss of their home and the loss of the people they used to look up to, has ingrained in them a sense of distrust they'll probably never to be able to lose.

Angelina stared at me with eyes that were full of fear. There were no transfer documents, nor did the people, who brought her, have any relevant information about her. Perhaps they were merely helpful friends of her owners. In any case, they sure didn't know a whole lot about their pets.

The toy that somebody had given to Gina and Venus meant nothing to them. Neither did fresh food. Equipped with a selection of standard cat food, I began to study their eating habits. Red-streaked Garfield had strikingly yellow teeth and was easier to approach. Several days passed before they began to allow physical contact. Actually, considering how much time it took them to become as happy as they are today, the loss of their old home apparently must have affected them a lot more than I had initially assumed.

Today, Angelina and Garfield spend their days together with three other cats in a large open-spaced reserve with trees, a small wooden hut, tall grass and plenty of look-out places giving them a view of my entire garden. At night, they have the entire first floor to themselves.

What makes Angelina unique is her incredible curiosity. Garfield is the engineer. My house door has a round handle, which is electronically activated at the push of a button.

den Türgriff ansetzte. Sie wartete unten, und er sprang wie ein Jojo immer wieder zum Griff hoch, bis das Schnurren der Elektronik ertönte und die Tür aufging. So lösen sie gemeinsam viele Probleme und haben mir schon so manche schlaflose Nacht beschert.

Angelina liebt ihren Garfield, auch wenn wir ihm, bis auf drei, alle Zähne entfernen mussten. Aber das fällt kaum auf. Hatten seine früheren Besitzer nicht bemerkt, dass er unter Zahnschmerzen litt? Offenbar nicht. Eine Katze ist eine Katze, werden sie sich gedacht haben.

Bei all dieser Willkür, die diesen wunderbaren Tieren widerfährt, fällt mir immer wieder ein Erlebnis ein, das ich als Reiseleiter hatte. Vor der Abreise des Busses zu einer Europa-Tour unterhielt ich mich in der ersten Reihe mit einer Oma aus Übersee, die ihrem jugendlichen Enkel das Alte Europa zeigte. Sie hatte dem Jungen versprochen, dass er zur Ausbildung seines Jagdhundes eine lebendige Katze geschenkt bekomme. Der Junge fragte mich, ob es denn irgendwo auf unserer Reise die Möglichkeit gäbe, so eine Art Katze zu kaufen? Er erzählte mir, man könne mit Katzen Hunde am besten ausbilden. Die andere Variante bei ihm zuhause seien Waschbären. Doch die Oma hatte ihm eben eine Katze versprochen.

Angelina, als sie zu uns kam

Ich bemühte mich, während der ganzen Reise auf den Jungen, der mir grundsätzlich sympathisch war, korrigierend einzuwirken. Es ist aber nicht ausgeschlossen, dass er sich, daheim angekommen, an das Versprechen seiner Oma erinnerte und eine Katze vor seinen Augen von seinem Jagdhund in Fetzen gerissen wurde. Ich wurde das Gefühl nicht los, dass er für meine Bedenken kein Verständnis hatte.

Schließlich kann man das alles – und noch vieles mehr – mit Katzen machen in unser zivilisierten Welt.

It took Angelina not even a week to put her somewhat idle partner Garfield in charge of that door handle. With her waiting below, he began jumping up and down at the handle like some kind of yo-yo until the electronic system started buzzing and the door opened. Together, they've solved many problems that way and kept me up at night on a number of occasions.

Garfield is Angelina's sweetheart, despite the fact that we've had to remove all but three of his teeth. Not that it really shows. Didn't his former owners ever notice that he suffered from toothaches? I guess not. They probably thought, a cat's a cat, big deal.

Among all the arbitrariness that these beautiful animals are subjected to, I keep recalling an incident I witnessed when I was a travel guide. Prior to the departure of our bus on a tour of Europe, I was in the first row talking to an elderly American lady, who was showing her teenage grandson the Old World. She had promised the boy to provide him with a live cat to train his hunting dog with. So the kid asked me, would there be any way on the trip to buy a cat like that? He was told cats presented the best way to train dogs. Back home, they usually use raccoons, he said, but Grandma had promised him a cat.

Angelina, when she came to us

I spent the whole trip trying to be a corrective influence on this young man, who otherwise struck me as thoroughly likeable. It wouldn't surprise me, however, that, as soon as he was back home, he remembered his grandma's promise and that some cat was torn to shreds by his hunting dog right before his eyes. I could never shake the feeling that he didn't appreciate my concerns.

After all, isn't that (and a lot more) what cats are here for in this civilized world of ours?

Graue Eminenzen: die Gutskatzen

Gray Eminence: the Estate Cats

SAILY, DIE VORNEHME GUTSHERRIN

Für Sailys Besitzerin ging alles ganz schnell. Diagnose einer unheilbaren Krankheit mit Mitte 50 und dann das schnelle Abschiednehmen von allem, was ihr lieb war auf dieser Welt. Die Familie hätte gerne die hinterbliebene Katze zuhause integriert, aber es gab auch einen Hund, und die beiden wollten sich partout nicht vertragen.

So kam die Katze Saily auf Umwegen zu uns. Sie war ängstlich und scheu. Und es dauerte einige Zeit, bis sie uns erlaubte, sie kennenzulernen. Als sie sich zu öffnen begann, reagierte sie anders als andere Katzen. Sie war nicht wirklich auf der Suche nach Wärme und Liebe. Vorrangig war ganz offensichtlich zu klären, welches Territorium sie beanspruchen konnte. Sie zeigte uns, dass sie den ersten Stock des Gutshauses, vier Zimmer mit Balkon, als zukünftigen Lebensraum favorisierte und durchaus einverstanden wäre, sich dort einzurichten.

Saily, Lady of the Manor

It all went really quick for Saily's mistress. Diagnosed with a terminal illness in her mid-fifties, she didn't even have much time to bid farewell to everything that was dear to her in this world. Her family would've loved to take her cat into their home if it hadn't been for their dog–he and Saily hated each other with a passion.

So Saily eventually wound up with us. She was timid and shy, and it took a while before she opened up to us. When she finally did, however, she did so differently from other cats. She wasn't really looking for warmth and love, you see. No, her top priority apparently consisted of staking out her territory. She let us know that she favored the first floor of the sanctuary building and its four rooms with a balcony as her future living space and that she could certainly agree to settle there.

Not only did we learn about her preferences, so did our two farm cats, Willi and Max. Sharing any space with those two bohemians, those "mice catchers," was simply out of the question for her. They were just far below her. Faced with these conditions, Willi and Max decided it was better to make room for her.

Saily likes things done her way. For one, she's uncompromising in her habit of sleeping in every day and never comes out before she's thoroughly cleaned herself. Thereafter, she's ready to keep court. Court etiquette under Lady Saily, however, dictates that you can't just walk up to her. You have to wait patiently until Milady is ready to see you. Abiding by these rules, you might actually find her very easy to get along with.

Das teilte sie nicht nur uns, sondern auch unseren beiden Hofkatern Willi und Max mit. Eine WG mit diesen beiden Bohemiens, diesen „Mäusefängern", war für sie von vornherein ausgeschlossen. Weit unter ihrem Niveau. Die beiden räumten angesichts dieser Ansprüche freiwillig das Feld.

Von ihrer Umgebung erwartet Saily, dass man sich anpasst. Das fängt schon damit an, dass sie jeden Tag kompromisslos ausschläft und sich erst dann zeigt, wenn sie sich ausgiebig gepflegt hat. Dann hält sie Hof, allerdings unter der Grundbedingung, dass man nicht einfach auf sie zugeht, sondern geduldig wartet, bis Madame bereit ist zu empfangen. Bei Beachtung dieser Voraussetzung kann es unter Umständen zu einer harmonischen Begegnung kommen.

Ihr Inner Circle besteht mittlerweile aus einigen Mitarbeitern, die ab und zu im Büro im ersten Stock etwas zu erledigen haben. Hauptsächlich ist es Anna, die sie auch mit Futter versorgt und die Katzenstreu wechselt. Den absoluten Vorzug allerdings gibt sie unserer Katzenspezialistin Sigrun, die sie gleich am Anfang kennengelernt hat und die nur ab und zu vorbeischaut. Sigrun und sie liegen auf einer Wellenlänge. Sie spricht sanft mit Saily und geht sensibel auf ihre feine Art ein. Das liebt Saily.

Ich selbst bin für sie lediglich der Milchmann. Kaum erblickt sie mich, muss ich ihr schon ein Schälchen Milch hinstellen. Hochheben darf ich sie noch immer nicht. Ab und zu, wenn sie besonders gnädig ist, erteilt sie mir einen Streichelbefehl und erwartet eine maßvolle Durchführung. Besucher, die im Laufe des Tages zu mir kommen, werden mit

By now, she's formed an inner circle consisting of certain employees that occasionally use the office on the first floor to perform tasks. Usually it's Anna, who also brings her food and changes her cat litter. Her absolute favorite, however, is still Sigrun, our cat specialist, whom Saily has known since she first came here, even though Sigrun only drops in occasionally. Sigrun and her are on the same wavelength, because she speaks softly to Saily and respects her noble ways. Saily loves that.

As for me, well, I'm just Saily's milkman. As soon as she sees me, she expects a small bowl of milk from me. She still won't allow me to take her in my arms. On the rare occasions when she feels really generous, I receive patting instructions from her, which she expects to be performed in discreet fashion. Visitors coming to see me during the day are subject to a diminutive once over from her big eyes. Very seldom will she choose one of them for a closer approach. That's a really great honor.

großen Augen abschätzend gemustert. Ganz selten kommt es vor, dass einer auserwählt wird und sie sich ihm nähert. Das ist dann ein großes Kompliment.

Weil mittlerweile an jeder Türe eine Katzenklappe angebracht wurde, kann sich Saily im ganzen Haus völlig frei bewegen. Sie könnte zum Beispiel jederzeit einen Ausflug auf den großen Heuboden machen. Dort gibt es Mäuse. Für die anderen Katzen ist das ein wahres Paradies. Nicht für Saily. Mäuse lassen sie kalt. Zu unfein.

Wir alle lieben Saily und ihre Art, auch wenn sie uns manchmal zur Weißglut bringt. Saily kann nämlich auch übelnehmen. Zum Beispiel, wenn sie sich über irgendetwas im Lauf des Tages geärgert hat. Dann denkt sie über Gemeinheiten nach, die sie uns antun könnte.

Sie weiß ganz genau, dass wir erst nach Hause gehen, wenn wir sicher wissen, dass alle Tiere auf dem Hof versorgt sind. Wir schauen dann auch noch einmal nach Saily. Wenn wir sie nicht finden, wissen wir, dass Saily wieder einmal sauer ist. Sie versteckt sich dann und bleibt stundenlang unauffindbar. Offensichtlich genießt sie es, wenn sie uns verzweifelt „Saily!“ rufen hört. Allerdings, zeigen tut sie sich uns nicht, denn sie ist ja verstimmt.

Wenn nichts mehr hilft, ziehen wir unsere letzte Trumpfkarte, schließlich wollen wir ja auch irgendwann mal nach Hause gehen. Wir rufen dann „ihre“ Sigrun an und bitten sie noch einmal aufs Gut zu kommen. Kaum hört Saily die ersehnte Stimme, ist aller Groll vergessen. Sie verlässt ihr Versteck, und die beiden ziehen sich dann in ihr Lieblingszimmer zurück. Sigrun bleibt so lange, bis sich Saily wieder beruhigt hat. Der blanke Terror.

Since all of our doors now have cat doors, Saily is absolutely free to roam the whole house. For example, she could choose to explore our big hay barn anytime she wants. Our hay barn has mice, making it Paradise on Earth for the other cats, but not for Saily. She couldn't care less for mice. Too bohemian.

We all love Saily and her ways, even though she sometimes drives us up the wall. You see, Saily can hold grudges too. Like when something bugs her during the course of the day. That's when her mind turns to playing some dirty tricks on us.

She knows fully well that we never go home without making sure that all animals on the property are taken care of. Then we check on Saily again. If we can't find her, we know that Saily is in one of those moods again. That's when she's hiding and nobody can find her for hours. She obviously gets a kick out of hearing our frantic "Saily!" calls. She won't show herself to us though; after all, she's still mad.

When all else has failed, we draw our last trump card, because we want to go home too at some point. That's when we call her "girlfriend"–Sigrun–and ask her to come back to the sanctuary. The moment Saily hears Sigrun's beloved voice, any grudge is forgotten. She comes out of her hiding place, and the two of them retreat to Saily's favorite room. Sigrun stays as long as it takes for Saily to finally chill out. Yes, that cat can be a holy terror.

Sigrun isn't the only favorite in Saily's world though. She's also grown attached to our night patrol, the guys with the flashlights who show up when all's quiet. This is when she's known to start roaming the entire property, albeit always within the protective reach

Es gibt aber auch noch andere Lieblinge im Leben von Saily. Die Nachtwächter haben es ihr angetan. Männer mit Taschenlampen, die dann auftreten, wenn es still wird. Dann strawanzt sie auch schon mal über das gesamte Gut, allerdings immer im Schutze der Wachmänner. Saily kennt einfach ihre Pappenheimer und weiß sie gezielt einzusetzen.

Hündin Lucy zum Beispiel hat eine Schwäche: Sie ist fresssüchtig und sollte Diät halten. Das hat Saily längst herausgefunden und Lucy ein geheimes Abkommen angeboten: Lucy hilft ihr bei der Fellpflege, immerhin hat sie ja eine viel größere Zunge, und wenn dann Saily mit nassem Fell dasitzt, wird Lucy mit Köstlichkeiten aus der Katzenschüssel belohnt. Eine innige Zweckgemeinschaft ist entstanden.

Und dann gibt es auch zwei geliebte Feinde von Saily im Haus. Zwei freche Frettchen, Hias und Koarl, die ab und zu durchs Haus laufen dürfen. Sie sind zahm und harmlos. Auch das hat Saily längst herausgefunden. Trotzdem sitzt sie auf ihrem Fensterbrett und übt den furchteinflößenden Katzenbuckel. Sozusagen ein Training für echte Notfälle. Die Laute, die sie von sich gibt, sind wie gehaucht, nicht aggressiv, und dennoch unmissverständlich. Hias und Koarl sind davon beeindruckt und sitzen staunend und voll Bewunderung vor ihr.

All das haben wir nach und nach mühsam herausfinden müssen. Ich kann besonders Katzenbesitzern nur dringend empfehlen, sich zu Lebzeiten darüber Gedanken zu machen, was mit ihrem Tier passiert, sollte es sie überleben. Dabei spielt die Übermittlung der Eigenheiten dieser individuellen Tiere eine ganz besonders große Rolle.

Saily und wir zum Beispiel hätten uns monatelangen Aufwand erspart und sie aufnehmen können, wie eine gute Bekannte.

of the security guards. Saily definitely knows her men and how to use everyone as she sees fit.

For instance, Lucy, one of our she-dogs, has a weakness: She's a food addict and supposed to maintain a diet. Saily, of course, already knows all about it, so she offered Lucy a secret deal: If Lucy uses her much larger tongue to help Saily keep her fur clean, Lucy will be rewarded with delicacies from the cat bowl once she's got Saily's fur wet enough. Talk about forming a close bond based on mutual interests.

Saily also has two amicable enemies in the house. Two perky ferrets, Hias and Koarl, that we occasionally allow to roam the house. They're tame and harmless, another aspect Saily figured out long ago. But that doesn't keep her from sitting on her windowsill and arching her back for intimidation. Keeping up practice in case a push should ever come to a shove, as it were. The noises she makes sound like whispering–not aggressive, but unmistakable nonetheless. They certainly seem to get through to Hias and Koarl, as they sit before her filled with admiration and respect.

Learning everything we know about these cats today took a long and painstaking effort. My urgent advice to cat owners in particular is to give thought to what will become of their pets in case their pets outlive them, before it's too late. Finding a way to communicate the characters of these individual animals is a key factor in the process.

This could have saved us and Saily, for example, months of hard work and allowed us to welcome her like an old friend.

Die drei Freiläufer vom Gut Maxl, Willi und Cinda

Wer glaubt, dass man Katzen so einfach aufnehmen und frei leben lassen könnte, täuscht sich gewaltig. Die meisten Katzen wollen selbst entscheiden, ob sie bleiben oder nicht. Unsere pechschwarze Cinda, und zwei schwarz-weiße Kater, nämlich Willi und Maxl, haben sich entschieden, Aiderbichl in Henndorf für immer zu ihrem Zuhause zu machen. Ihr Territorium haben sie untereinander genau aufgeteilt. Für Maxl: Sattelkammer und Rinderstall. Für Willi: die Scheunen. Cinda ist sozusagen eine „Springerin", wobei man sagen muss, dass der Ziegenstall ihr bevorzugtes Revier ist.

Man trifft sie entweder in einem speziell für Katzen eingerichteten, beheizbaren Raum an oder auf dem Heuboden bzw. in der Sattelkammer, denn dort versorgen wir sie täglich mit Wasser und Futter.

Die Drei haben vieles gemeinsam. Sie wuchsen auf Bauernhöfen auf und lieben ihr Leben in Freiheit. Sie haben die schrecklichen Krankheiten, mit denen sie bei uns abgegeben wurden, bestens überstanden und sehen in der Hauskatze Saily eine Art Herrin von Gut Aiderbichl. Kater Maxl allerdings hat etwas, was die anderen nicht haben: Er liebt Menschenaufläufe. Wenn tausende Besucher zu unserem Weihnachtsmarkt auf Gut Aiderbichl kommen, betritt er die große Halle wie ein Popstar, springt von Tisch zu Tisch, lässt sich von allen am Bauch kraulen und genießt sein Bad in der Menge.

Our Three Roamers Maxl, Willi and Cinda

Anybody who thinks it's easy to adopt cats and then just let them roam freely is in for a big surprise. You see, most cats like to decide for themselves whether to stay or not. Three of our cats–pitch-black Cinda and two black-and-white males, Willi and Maxl–have made up their minds to make our Aiderbichl property in Henndorf their permanent home. In the process, they split the property among themselves, each receiving his or her clearly defined territory. Maxl got the saddle room and cattle barn. Willi got all the other barns. Cinda is sort of a "floater," although it's fair to say that her preferred territory is the goat stable.

The best places to find all three of them is either in a heater-equipped chamber we specifically set up for our cats, the hayloft or the saddle room, because that's where we give them food and water everyday.

These three cats really have a lot in common. They all grew up on farms and cherish living in freedom. They all suffered from awful diseases when we took them in and made superb recoveries. They all consider our domestic cat Saily to be something of a ruler at Gut Aiderbichl. One of them, however, Maxl, has one thing the others don't have: He loves crowds of people. At times when thousands of visitors come to our Christmas market at Gut Aiderbichl, he'll enter the main hall like some kind of pop star, jump from table to table, let everybody scratch his tummy and enjoy being surrounded by the masses.

Bayerische Haus- und Stammkatzen Judith und Pinky

Gut Aiderbichl in Bayern, das heute Pferde, Rinder, Schweine, Ziegen, Schafe, Puten und viele andere gerettete Tiere beherbergt, war das Zuhause von Dr. Hatto Egerer. Er hatte zwölf Gnadenhofpferde bei sich aufgenommen, und mit ihm lebten außerdem die beiden Katzen Judith und Pinky. Als er verstarb, entwickelte sich sein Hof nach und nach in ein Gut Aiderbichl. Die beiden Katzen und die Pferde wurden natürlich mit übernommen. Judith blieb die Katze fürs Haus und Pinky bewohnte den ganzen Hof.

Mit der Einweihung eines großen Katzenhauses wurde unlängst ein weiteres Kapitel von Gut Aiderbichl Bayern vollendet. Kurz darauf folgte Judith ihrem verstorbenen Besitzer. Sie wurde fast 20 Jahre alt.

Pinky begrüßt noch heute die Besucher auf Gut Aiderbichl in Bayern und gibt unseren Gutsführern immer wieder Anlass von den Anfängen zu berichten.

ALL-BAVARIAN HOUSE CATS JUDITH AND PINKY, TRUE HOME LOVERS

Our Gut Aiderbichl sanctuary in Bavaria, nowadays housing horses, cattle, pigs, goats, turkeys, and a score of other rescued animals, used to be the residence of one Dr. Hatto Egerer. He took in twelve horses from animal shelters and he owned two cats named Judith and Pinky. After the passing of Dr. Egerer, his estate underwent a gradual transformation into a Gut Aiderbichl. His two cats as well as the horses stayed on, of course. Judith remained the cat for the house, while Pinky felt at home anywhere on the estate.

The dedication of a huge cathouse recently brought to a close another chapter of our Gut Aiderbichl sanctuary in Bavaria. Shortly thereafter, Judith joined her late owner at an age just shy of 20.

Pinky is still around to welcome visitors to our Gut Aiderbichl sanctuary in Bavaria, always giving our sanctuary guides a good reason to explain how our sanctuary started.

Traumhaft schöne Happy Ends

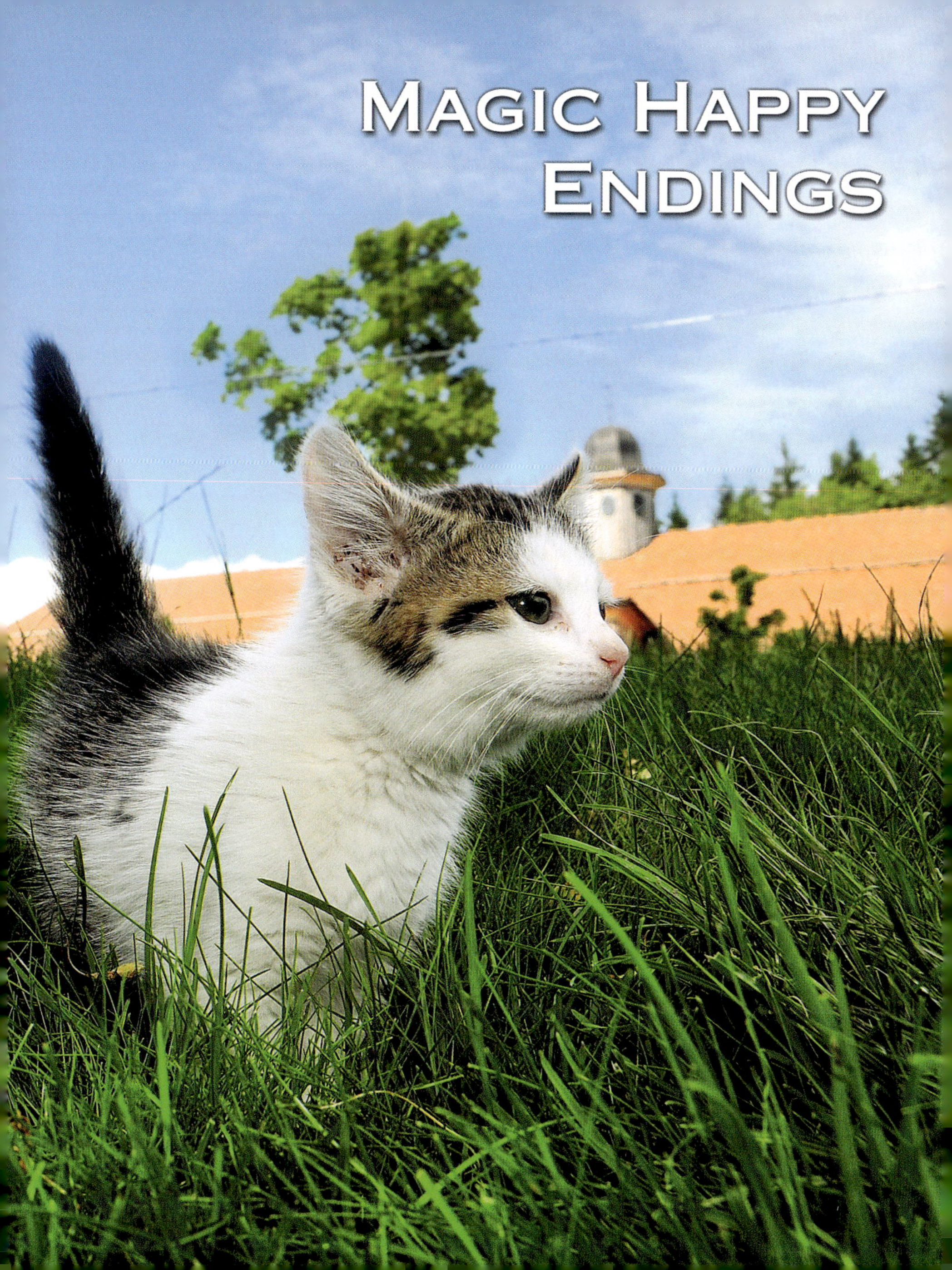

MAGIC HAPPY ENDINGS

Katzen-Findel-Babys

Ich erinnere mich noch an meine allererste Katzenrettung. Ich war acht Jahre alt, hatte ein Pony auf einem Bauernhof in Unterfranken stehen und half, wann immer ich konnte, der Bäuerin bei ihrer Arbeit.

Dort gab es zwei getigerte Katzenbabys, ganz entzückend, mit denen ich oft spielte. Eines Tages waren sie plötzlich verschwunden und blieben bis zum Abend unauffindbar. Da fiel mir ein, dass wir Heu in die Scheune gebracht hatten, mehrere Wagen davon. Die ganze Familie hatte mitgearbeitet und den ganzen Tag lang geschuftet.

Jetzt vermutete ich, dass wir die beiden abgängigen Kätzchen übersehen und unter Bergen von Heu eingeschlossen hatten. Die Scheune war ein Fachwerkhaus und die Seitenteile bestanden aus vielen Hohlräumen.

Um wirklich Gewissheit zu erlangen, müssten wir das ganze Heu wieder mühsam aus der Scheune bringen, das war mir klar. Also ging ich zur Bäuerin und erklärte ihr meinen Verdacht. Sie war wie vom Blitz getroffen, aber verstand mich. Tags drauf, als die Katzen immer noch unauffindbar waren, machten sich die Bauernfamilie und ich an die Arbeit. Erst ganz zum Schluss kamen die beiden zum Vorschein. Fortan blieben sie dem Heuboden fern und entwickelten sich zu prächtigen Hofkatzen und Kammerjägern.

Das ist jetzt schon 48 Jahre her. Ich habe nach wie vor Kontakt zu der Bäuerin, die mir wegen des Aufwands, den ich verursacht hatte, niemals einen Vorwurf gemacht hat. Sie freute sich damals, wie ich mich selbst, dass wir die beiden retten konnten, die sonst erbärmlich verdurstet und verhungert wären.

Kitten Foundlings

I still remember the very first time I saved a cat when I was eight years old, I had a pony out on a farm in the Bavarian region of Lower Franconia and I assisted a farmer's wife in her chores whenever I could.

They had two striped kittens, which were absolutely adorable, and I used to play with them. One day, they suddenly disappeared and were still missing by nightfall. Then I remembered we'd been hauling hay into the barn, several wagonloads of it. Every family member had chipped in and we'd been working our tails off all day long.

At that point, my fear was that we'd overlooked these two missing kittens and imprisoned them under mountains of hay. The barn was a framework house and its side structures provided plenty of openings.

The only way to know for sure involved the arduous task of taking all that hay back out of the barn and I knew. So I went to the farmer's wife and told her about my suspicion. She almost fell out of her chair, but she couldn't blame me. The next day, with still no trace of the kittens, the farmer's family and I went to work. It wasn't until it was all finished when those two kittens reemerged. From that point onward, they steered clear of that hay barn and grew up to be excellent farm cats and vermin killers.

That was 48 years ago. I'm still in regular contact with the farmer's wife, who never pointed a finger at me for all that extra work I had caused back then. On that day, she was as glad as I was that we were able to rescue those two kittens, which otherwise would have died miserably of thirst and hunger.

Menschen in der heutigen Zeit, so kommt es mir vor, fühlen sich viel schneller überlastet. Gerade wenn es um ausgesetzte Katzenbabys geht, wundere ich mich oft, weshalb man sie in Tierheime bringt oder zu uns, und sie nicht selbst behalten möchte. Ich kenne kaum eine Tierart, die so leicht zu halten ist wie Katzen. Außerdem ist es eine große Freude, sie beim Heranwachsen zu beobachten, ihnen bei ihrem Start ins Leben zur Seite zu stehen. Ungezählte Katzenbabys sind in meinem Umfeld groß geworden. Arbeit war es nie. Nur reine Freude.

Die Kleinen sind neugierig wie Kinder und unterscheiden sich allesamt in ihrem Charakter. Es gibt Kätzchen die Sanguiniker sind, also alles leicht nehmen und sich durch nichts betrüben lassen. Oder Stoiker, schwerfällige und vorsichtige ...

Was man vor allem für Katzenbabys braucht, ist viel Zeit und Geduld, um sie richtig kennen zu lernen. Und einen Ort, an dem sie gefahrenlos leben können.

Rico, Tierretter von Gut Aiderbichl

I can't help thinking that people tend to feel overburdened a lot faster in this day and age. Especially when it comes to abandoned kittens, I often wonder why people take them to animal shelters or to us instead of just keeping them. I'm hard-pressed to think of any other animal species that's easier to keep than cats. Not to mention the joy of watching them grow up and being by their sides, as they commence on their journey in life. I've seen countless numbers of kittens reach adulthood and it never felt like work to me. It felt like simple joy.

Kittens are as curious as children and they all come with their unique characters. Some are of a sanguine nature, taking everything in stride and not being perturbed by anything. Others are more stoic, brooding and reserved.

What you need most when dealing with kittens is a lot of time and patience in order to get to know them. And a place where they can live safely.

Rico, animal savior of Gut Aiderbichl

Weltuntergang für 16 Katzen

Vor einigen Jahren, während der Dreharbeiten für die Fernseh-Doku-Serie „Die Tierretter von Gut Aiderbichl", erreichte mich der Anruf eines Tierarztes, der mir von einem schlimmen Katzennotfall erzählte.

Ein Schreiner aus Oberösterreich liebte Katzen und erlaubte 16 heimatlosen Tieren, in seiner Werkstatt, der eine riesige Lagerhalle angeschlossen war, einzuziehen. Er versorgte sie mit Futter und Wasser. Die Katzen lebten glücklich und geschützt dort und verspürten keinen Drang, nach draußen zu gehen. Seit dem Tod des Schreiners wurden sie von tierlieben Nachbarn weiterversorgt.

Morgen schon, erzählte der Tierarzt, solle die Halle abgerissen werden. Nicht auszudenken, wie viele Katzen unter den Trümmern begraben würden oder in Panik auf die nahegelegene Bundesstraße laufen. Es bestand also sofortiger Handlungsbedarf.

Ich versprach dem Fernseh-Team, dass sie uns bei dieser Rettung begleiten dürften, als wir gemeinsam mit einigen Aiderbichler Tierrettern nach Oberösterreich fuhren.

Etwa zwei Stunden später trafen wir bei der Halle ein, wo uns der Besitzer, ein Tierarzt und Nachbarn, schon erwarteten. Ich staunte nicht schlecht, es handelte sich wirklich um eine unfasslich große Halle, mit Oberlichten, frischer Luft und einer ungewöhnlichen Atmosphäre. Die Halle selbst war seit dem Tod des Schreiners unberührt geblieben. Alles stand noch auf seinem Platz: angefangene Projekte, riesige Regale, gestapeltes Holz. Eine Geisterstadt, in der über ein Dutzend scheue Katzen in einer außergewöhnlichen Welt lebten.

Doom for 16 Cats

Some years ago during the shooting of the TV documentary "Die Tierretter von Gut Aiderbichl" ("The Animal Rescuers of Gut Aiderbichl"), I received a phone call from a veterinarian, who told me about a serious emergency involving some cats.

A carpenter from Upper Austria was a cat lover who allowed 16 homeless animals to live in his workshop, which was connected to a large warehouse. He provided them with food and water. The cats led a happy and shielded life there, having no need to venture outside. After the carpenter died, animal-loving neighbors continued to look after them.

Then the veterinarian told me the warehouse was scheduled for demolition the next day. I couldn't bear to think how many cats would be buried in the rubble or run out onto a nearby highway in a state of panic. This called for immediate action.

I promised the camera team they could accompany us during our rescue. Then we drove out to Upper Austria together with several Aiderbichl animal rescuers.

Wir waren fest entschlossen, alle 16 Katzen einzufangen und in Transportboxen auf Gut Aiderbichl zu bringen. Der Besitzer der Halle nahm mich zur Seite und versuchte die Situation zu bagatellisieren. Es müsse ja nicht gleich morgen mit dem Abriss der Halle begonnen werden … Aber was, wenn doch? Und außerdem waren wir ja schon da.

Draußen braute sich ein Gewitter zusammen, und in der Halle wurde es immer heißer und schwüler. Die Katzen hatten große Angst vor uns, sie kannten jeden Winkel, und es dauerte Stunden, bis wir sie eingefangen hatten.

Einige von ihnen kamen mir ganz besonders ängstlich vor. Später, als sie schon Namen von uns bekommen hatten und ich sie näher kennenlernen konnte, verstand ich noch

viel besser, was sie an diesem Abend miterleben mussten: den Untergang ihrer Welt. Arielle, zum Beispiel, entkam mir immer wieder in dieser Nacht. Aus dem todesängstlichen Kätzchen ist mittlerweile eine große Schmuserin geworden, die ihre Distanz zum Menschen abgelegt, dafür aber mit ihren eigenen Artgenossen nichts mehr am Hut hat. Sie ist zur typischen Einzelgängerin geworden.

Gerne hätten wir damals die Katzen nach Aiderbichl gebracht und einfach freigelassen. Aber das geht schon alleine deshalb nicht, weil sicher die meisten von ihnen in die umliegenden Wälder gelaufen und durch ihre Unerfahrenheit Opfer der Jäger geworden wären, die verwilderte Katzen abschießen. Außerdem sahen sie uns ja nicht als Freunde, sondern als diejenigen, die sie aus ihrer Welt vertrieben hatten. Für sie gab es keinen Anlass, bei uns bleiben zu wollen. Also entschieden wir uns, für sie einen Raum mit vielen Katzenbäumen und Verstecken einzurichten. Wir gaben unser Bestes, ihnen den Übergang in eine neue Welt so schön wie möglich zu machen. Jedes Mal, wenn ich an ihrem Zimmer vorbeiging, versetzte es mir einen Stich ins Herz, denn ich wusste, sie konnten nicht verstehen, dass wir nur ihr Leben retten wollten.

About two hours later, we arrived at the facility, where the current owner, a veterinarian and the neighbors were already expecting us. I was pretty amazed, because we were looking at an immensely large facility, with fanlights, fresh air and an unusual atmosphere. The warehouse itself had remained untouched since the carpenter's death. Everything was still in its place: unfinished projects, huge shelves, piled wood. Here was a ghost town with more than a dozen timid cats sharing a remarkable world.

We were doggedly determined to capture all 16 cats and take them in transport boxes out to Gut Aiderbichl. The owner of the facility took me aside, trying to play down the situation. He pointed out that the place doesn't necessarily have to be razed the next day... OK, but what if it did? Besides, we were already there, anyway.

Outside, a thunderstorm was brewing and inside the warehouse, it was getting hotter and more humid. The cats were very scared of us and they knew each and every nook, so it took us hours to catch all of them.

Some of those cats seemed particularly afraid. Later, after we gave them names and I had a chance to get to know them better, it became much clearer to me what they had to go through that evening–nothing short of the loss of their world. Arielle, for example, constantly got away from me that night. Today, this mortally scared pussycat has become a regular sweetheart that's given up keeping her distance from people, only to lose any desire for contact with her own species. In that sense, she's become a regular loner.

Believe me, we would have loved to take those cats back to Aiderbichl that night and just set them free. Our primary reason for not doing so was we knew most of them would

Zirka 40 Kilometer von Gut Aiderbichl entfernt hat die Tierfreundin Eva Benischke ihr romantisches kleines Häuschen der Gut Aiderbichl Stiftung hinterlassen. Das schien mir der geeignete Ort für die Katzen aus der Industriehalle zu sein. Wir übersiedelten sie dorthin, ließen die Türen zu allen Zimmern offen und hofften, dass sie sich dort wie in ihrer Halle frei und geborgen fühlen würden.

Dann geschah etwas Unvorhersehbares. Eine Tierpflegerin hatte versäumt, die Haustür zu verschließen, und plötzlich waren sie alle frei. Als ich davon erfuhr, war ich außer mir und befürchtete das Schlimmste. Was diesen unerfahrenen Tieren alles geschehen könnte! Ich wollte wissen, wie viele überhaupt noch da waren und wollte sie beobachten lassen. Zu meinem großen Erstaunen war keine einzige von ihnen verschwunden.

Inzwischen hat sich Gino, einer der Kater, entschlossen, die romantische WG zu verlassen. Er fand eine Familie in der Nachbarschaft, deren Herz er gewinnen konnte und die ihn gerne aufgenommen hat.

Dass ich wie ein Terminator in die Welt der Hallenkatzen eindringen musste, belastet mich heute noch, obwohl ich weiß, dass es nicht besser für sie hätte ausgehen können.

have run out into the surrounding woods, where their inexperience would have made them easy targets for hunters, who shoot stray cats. Besides, instead of seeing us as friends, they saw us as the ones who had driven them out of their world. They had no reason to hang around us. So we decided to make a space for them with lots of cat trees and hiding places. We did our best to make their transfer into a new world as pleasant as possible for them. Every time I went past their room, my heart ached, because I knew they couldn't understand that all we wanted to do was save their lives.

About 25 miles from Gut Aiderbichl, animal lover Eva Benischke has donated her romantic little house to the Gut Aiderbichl Trust. To me, it seemed like the perfect place for the cats from the warehouse. So we relocated them there, left all the doors to the rooms open and hoped that they would feel as free and safe as they did in their old warehouse.

Then something unpredictable happened. An animal caretaker forgot to lock the house door and suddenly they were all free. Hearing about it, I was beside myself and feared for the worst. God only knew what might happen to these inexperienced animals! I wanted to know just how many were left and put them under observation. To my great amazement, not a single one had disappeared.

By now, Gino, one of the cats, has decided to leave this romantic little commune. He found a family in the neighborhood, won their heart and they gladly adopted him.

To this day, I'm still bothered by the fact that I had to invade the world of the warehouse cats like some kind of Terminator, even though I know everything turned out for the best for those cats.

Keine Meuterei durch Bounty

Meine Kenntnisse über Rassekatzen halten sich in Grenzen. Die meisten werden ja privat im Haus und in Wohnungen gehalten. Streunende Perser- und Karthäuserkatzen sieht man eher selten.

Ich erinnere mich, dass ich vor Jahren, als ich noch in der Tourismusindustrie arbeitete, in letzter Minute eine Mitarbeiterin davon abhalten konnte, ihrer Perserkatze operativ die Krallen entfernen zu lassen. Sie sah schlussendlich ein, dass ihre Sorge um die Möbel nicht größer sein sollte, als ihre Sorge um die Katze.

Vor einigen Jahren machte ich schließlich Bekanntschaft mit drei entzückenden Perserkatzen. Eine Dame hatte mich angerufen und darum gebeten, die Tiere unter unseren Schutz zu nehmen, wenn ihr etwas zustoßen sollte. Sie würde in ihrem Vermächtnis für den Unterhalt der Katzen sorgen.

No Mutiny with Bounty

My knowledge of pedigree cat breeds is pretty limited. Most of them are kept by private owners in residences and apartments, anyway. After all, when was the last time you saw a stray Persian or Karthäuser?

I remember, years ago, when I still worked in the tourism industry, I was able to talk a co-worker out of having surgery performed on her Persian cat to remove its claws. She eventually understood that her concern for her furniture shouldn't exceed that for her cat.

A few years ago, I made the acquaintance of three lovable Persian cats. A lady had contacted me asking for her cats to be taken into our care if something were to happen to her. She would make provisions for the care of the animals in her trust.

So I went out to see her and that's how I met Nino, Pinky and Bounty. They lived as house cats on 1,000 sq. ft. of space with a balcony. At first, they took little notice of my visit, they seemed well balanced and they seemed to rotate in shifts as they kept the lady company on her lap. The lady told how all three were very pampered, meaning they needed patting in large doses and rooms with balconies.

One year later, the lady passed away and following a transition phase during which her partner tended to the cats as long as he could, we received a phone call saying that it was time to take Nino, Pinky and Bounty out to Gut Aiderbichl.

Ich machte mich auf den Weg zu ihr und lernte Nino, Pinky und Bounty kennen. Sie lebten als Wohnungskatzen auf 100 Quadratmetern mit Balkon. Von meinem Besuch nahmen sie am Anfang wenig Notiz, wirkten ausgeglichen und betrieben eine Art Schichtwechsel auf dem Schoß der Dame. Alle drei seien besonders verschmust und das bedeute: Sie bräuchten Streicheleinheiten in hohen Dosen und außerdem Räume mit Balkon.

Die Dame verstarb ein Jahr später, und nach einer Interimszeit, in der sich ihr Lebensgefährte, so lange er noch konnte, um die Katzen kümmerte, erhielten wir einen Anruf, dass nun die Stunde gekommen sei, Nino, Pinky und Bounty auf Gut Aiderbichl zu holen.

Damals erhielt das Gut Aiderbichl in Bayern gerade ein zusätzliches Anwesen. Als ich dessen riesigen Balkon sah und die gemütlichen Zimmer, wusste ich, dass ich dem letzten Wunsch der alten Dame gerecht werden konnte. In solchen Momenten bin ich sicher, dass es einen lieben Gott gibt.

Wir waren alle ganz aufgeregt, als die drei eintrafen, und außerdem gut vorbereitet, weil wir jede Menge Katzenzubehör gekauft hatten. Als erstes verließ Kater Bounty seine Transportbox.

Er stellte sich mit seinem ausdrucksvollen Blick unseren Tierpflegern selbst vor. Dann nahm er sein neues Domizil, in dem sechs Katzenbäume, zwei Sofas, Katzentunnel und vieles mehr auf ihn warteten, neugierig zur Kenntnis. Er streifte an den Gegenständen vorbei, unter dem Motto: Alles meins, weil es ja jetzt auch nach mir riecht. Die Einverständniserklärung eines Persischen Katers, bei uns einzuziehen.

Klein-Pinky ist eine Art Mitläufer der ganz besonders liebenswerten Art. Er schien alles zu bewundern, was Bounty gut fand und folgte dessen Streifzügen durch die Räume. Wir mussten anfangs einige Stellen seines Fells scheren, weil sie verfilzt waren. Der neue Look verleiht dem kecken kleinen „Buddy" etwas höchst Witziges.

During that time, the Gut Aiderbichl sanctuary in Bavaria was being expanded with an additional piece of property. Upon seeing that structure's huge balcony and its cozy rooms, I knew I'd be able to fulfill the old lady's last wish. It's moments like that, which make me believe that there is a Divine God.

We were all thrilled at the arrival of these three cats and we were also well prepared, since we'd purchased all kinds of cat accessories. Bounty, the male, was the first to come out of his transport box.

He used his remarkable gaze to make his own introduction to our animal caretakers. Then he curiously inspected his new domicile, which had six cat trees, two sofas, a cat tunnel and plenty more waiting for him. He strolled past all the objects, as if to say, "This

Wir wären über die Annäherungsversuche der beiden an die neue Umgebung ins Schmunzeln gekommen, machten uns aber Sorgen um Nino, Perser Nummer drei. Scheu verkroch er sich in die Öffnung eines Katzenbaums und starrte uns mit weit aufgerissenen ängstlichen Augen an. Wie gut, dass seine Besitzerin mich vorbereitet hatte. Sie riet mir, gerade bei ihm zurückhaltend und abwartend zu sein. Er brauche seine Zeit. So wie wir Menschen eben auch Veränderungen unserer Lebenssituation ganz unterschiedlich verarbeiten. Nun sind schon einige Wochen vergangen, und die drei haben sich richtig gut eingelebt. Als wüssten sie, was wir für sie vorgesehen haben, bestehen sie jetzt schon darauf, außer ihrem Appartement mit Balkon nachts auch das Treppenhaus zu bewohnen.

Als nächsten Schritt haben wir eine sichere Umzäunung um die neue Katzen-„Villa" geplant. Dann dürfen sie zum ersten Mal nach draußen. Eine kleine Entschädigung für die verlorene Liebe ihrer Katzenmama, die von oben zuschaut.

is all mine, because, as of now, it all bears my scent." It's a Persian cat's formal declaration of intent to accept our sanctuary as his official domicile.

Little Pinky is kind of a camp follower of the particularly loveable kind. He seems to admire everything that Bounty liked and followed his forays through the facilities. We first had to trim parts of his fur, because they were matted. His new look gave Bounty's perky little buddy some great pizazz.

The forays of the first two cats into their new environment would have amused us, had it not been for our concerns about Nino, Persian number three. Timidly, he crawled into the opening of a cat tree and stared at us with wide and fearful eyes. It was a good thing that his mistress had prepared me for that. Her advice for me, particularly in regard to Nino, had been to allow him extra time and space. He just needed some time. Not unlike us humans, who also adapt to new life situations in very different ways. By now, several weeks have passed and they've adapted very well. As if they know what we have prepared for them, they're already insisting on occupying not only their apartment with the balcony, but also the staircase at night.

Our next move involves plans for the secure fencing of our new "Cat Villa." That's when they'll be allowed to venture outside for the first time. A small form of compensation for the lost love of their cat mom watching from above.

Samtpfoten als Überlebenskünstler

Pussycats as Survival Artists

Ein achtes Katzenleben?

Vor einigen Jahren fuhr ich durch ein Dorf in der Nähe von Gut Aiderbichl. Mitten auf der Straße lag eine überfahrene Katze. In solchen Fällen habe ich mir seit meiner Zeit in Spanien angewöhnt, genauer nachzusehen. So manchem überfahrenen Tier konnte ich schon helfen. Also fuhr ich an den Rand der Straße, und nachdem zwei Lastzüge und

mehrere PKW links und rechts an der Katze vorbeigefahren waren und es endlich still wurde, ging ich zu dem verunfallten Tier, warf eine Decke darüber und zog es an den Straßenrand. Dort stellte ich fest, dass die rot getigerte Katze zwar bewusstlos, aber nicht tot war.

Behutsam legte ich sie auf den Boden meines Autos, unterhalb des Handschuhfachs. Die nächste Tierklinik war nur fünf Kilometer entfernt. Während der Fahrt begann sich das Tier zu regen, richtete sich auf und schaute mich angstvoll an.

Selbst wenn der Tierarzt sie jetzt erlösen würde, hatte ich wenigstens verhindert, dass sie von weiteren Autos angefahren worden wäre, im schlimmsten Falle wäre es ganz langsam gegangen. Sie lag ja paralysiert auf der Fahrbahn, von der sie sich nicht retten konnte.

Der Tierarzt untersuchte sie sofort und konnte keine äußeren Verletzungen feststellen. Er schlug mir vor, sie für weitere Untersuchungen, zur Beobachtung und Beruhigung die Nacht über in der Klinik zu lassen.

Als ich mich gleich am nächsten Morgen erkundigte, verschlug es mir die Sprache, als ich erfuhr, dass der Katze rein gar nichts fehlte, nicht das Geringste, und dass ich sie abholen dürfte. Aus der Katze wurde der Hofkater Garfield, der noch vier glückliche Jahre auf einem Reiterhof lebte. Sein Lieblingsplatz war bei den Kindern der Familie daheim. In Richtung Straße hat man ihn nie wieder laufen sehen.

A Cat with Ten Lives?

Some years ago, I was driving through a village near Gut Aiderbichl when I saw a cat lying in the middle of the road, obviously the victim of a hit-and-run. Ever since my time in Spain, I've made it a habit to take a closer look at this kind of scene. There have been run-over animals that I was actually able to help. So I pulled over on the shoulder of the road and, after watching two trucks and two cars pass left and right of the cat before the road was finally quiet, I went over to the poor thing, threw a blanket over it, and dragged it over to the shoulder. There I realized that the red-striped cat was in fact not dead at all, just unconscious.

I carefully placed the cat on the passenger footwell of my car. The nearest animal hospital was just three miles away. On my way there, the feline began to stir; then it rose and gave me a fearful look.

Even if this feline had to be put to sleep by a veterinarian, at least I prevented it from being hit by even more cars. For all I knew, it could have died a horribly slow and agonizing death. I couldn't help imagining it lying on the road back there, paralyzed and unable to save itself.

The veterinarian immediately examined the cat and found no sign of external injuries. He then suggested keeping it in the hospital overnight for further examinations, observation and sedation.

Upon inquiring about the feline the very next morning, I was positively speechless when I was told there was nothing wrong with it, nothing at all, and I could pick it up anytime. That feline turned out to be the farm cat, Garfield, and lived to spend another happy four years on a horseback-riding farm. His favorite place was at home with the farmers' kids. He was never seen heading for any road again.

Many times I think about how cats are said to have nine lives, alluring to how tough they are and that they often get into accidents. Whatever happens to them–whether they end up lying in the middle of a road or whether they can still drag themselves to the shoulder–is really beside the point. The real point is that many face a horrible and agonizing death if they don't receive help fast.

Ich denke oft darüber nach, dass Katzen sieben Leben haben sollen, also zähe Zeitgenossen sind. Und dass sie in viele Unfälle verwickelt werden. Ganz egal, was ihnen passiert, ob sie nun auf der Straße angefahren daliegen, oder sich noch an den Straßenrand retten können – in jedem Fall steht vielen ein grausames, qualvolles Ende bevor, wenn sie nicht rechtzeitig Hilfe bekommen.

Mit der Universitätsklinik in München haben wir ein Abkommen getroffen: Verunfallte anonyme Katzen, die dort abgegeben werden, dürfen auf unser Gut Aiderbichl in Bayern kommen, wenn sie geheilt sind. Dort, in unserer Katzenvilla, haben sie alles, was ein Katzenherz begehrt. Obwohl sie auch nach draußen können, sind sie so gesichert, dass ihnen nicht noch einmal ein Unglück passieren kann.

That said, we've reached a deal with the Munich University Medical Center: any anonymous cat traumatized by an accident can be brought to our Gut Aiderbichl sanctuary in Bavaria following its recovery. There, our cathouse has everything a little cat heart could yearn for. Even with access to the outside, our cats are safe enough never to be the victim of another accident.

Die Friedhofskatzen von Wien

Das Bewundernswerte an Katzen ist, dass sie sich gut auf ihr Umfeld einstellen und kompromissbereit anpassen können. Wir Menschen möchten unseren eigenen Katzen gerne alles bieten, was es gibt, damit sie sich wohlfühlen. Wie sie selbst darüber denken und entscheiden würden, was lebenswert ist, erfahren wir allerdings nicht mit einem Blick in das Schaufenster einer exklusiven Katzenboutique, sondern nur, wenn wir sie ihre eigenen Entscheidungen treffen lassen. Dann zeigen die Katzen uns oft, wo sie am liebsten leben würden, und was Glück für sie bedeutet.

Es sollte uns deshalb nicht wundern, dass es sogenannte Friedhofskatzen gibt. Wenn die Versorgung passt, gibt es für freilebende und streunende Katzen kaum einen schöneren Ort in einer Stadt als den Friedhof. Keine Autos, keine verpestete Luft, Schatten hinter vielen Grabsteinen und herrlich duftende Blumen. Ein wahres Paradies. Dass dieser Ort für uns eine ganz andere Bedeutung hat und es eine Friedhofsordnung gibt, können sie nicht wissen.

The Cemetery Cats of Vienna

The amazing thing about cats is their keen and undiscriminating ability to assess and adapt to their environments. As humans, we always try to give our cats all we can to make them live comfortably. However, if we want to know what's really going inside our cats' heads and what they would consider worthwhile living, we can't do it just by studying the display cases of some exclusive cat boutique. The only way for us to know is to give them the freedom to make their own decisions. Doing that gives cats plenty of ways to teach us about their favorite living places and what happiness means to them.

Thus, it should come as no surprise that some cats make their homes in cemeteries. If the conditions are right, what could be a more suitable place for free-roaming and stray cats in any city than a cemetery? There's no traffic, the air is clean and rows of headstones provide plenty of shade along with the delicious aroma of flowers. It's a genuine paradise. The idea that cemeteries have a very different meaning to us or the concept of cemetery regulations are some of the things we can't expect them to understand.

MED.RAT
DR.HEINRICH
MÜNZBERGER
REINHART
1926

Gut Aiderbichl verleiht jährlich Preise an Menschen, die sich auf ganz besondere Art und Weise um das Wohl der Tiere verdient gemacht haben. Im Jahre 2008 erhielt ein Wiener Rentnerehepaar diesen Preis, weil es sich außergewöhnlich und selbstlos für die Friedhofskatzen des 17. Bezirks eingesetzt hat.

Ich lernte das Ehepaar kennen, und in einem Kurzfilm hielten wir ihre Geschichte fest. Sie erzählten mir, dass sie vor zirka zehn Jahren erfuhren, dass freilebende Katzen auf dem Friedhof „entfernt" werden sollten und boten ihre Hilfe für eine friedliche und schonende Lösung des Dilemmas an, auch finanzielles Engagement für Kastrationen und Betreuung. Tag für Tag versorgten sie ihre über 30 Katzen. Sie ließen sie auf eigene Kosten sterilisieren und schufen in einer benachbarten Kleingartenanlage Katzenhäuschen und Futterplätze, damit sich wenigstens einige überreden ließen, dorthin umzuziehen. Sie führten Gespräche mit Menschen, die sich durch Katzen gestört fühlten, und erhielten sogar den Segen der Behörden für den Verbleib der Samtpfoten auf dem Friedhof.

Auch ich verbrachte viele Stunden dort bei den Katzen. Das Ehepaar beschrieb mir den Charakter und die Eigenheiten von allen zwölf, die dort auch heute noch leben. Da ist zum Beispiel der Kater Pascha. Besonders selbstbewusst stolziert er zwischen den Grabsteinen herum. Setzt sich gerne zu den Menschen, die auf einer der Bänke Platz genommen haben. Die Gärtner, die Gräber pflegen, stören ihn nicht und die Begräbnisse sind ihm mittlerweile Alltag geworden.
Ich wollte von den beiden wissen, weshalb sie ihn, den sie so in ihr Herz geschlossen haben, nicht mit nach Hause nehmen? Das würden sie dem Kater zuliebe nicht tun, sagten sie. Die beiden wollen sein Bestes und denken dabei nicht an sich. Sie sind nicht

Every year, Gut Aiderbichl presents awards to people who have gone the extra step for the well-being of animals. In 2008, this award went to a retired couple from Vienna for the extraordinary and selfless commitment they showed for the cemetery cats of Vienna's 17th district.

I had a chance to meet this couple and we recorded their story in a short documentary. They told me that, about ten years ago, they learned that cats living freely in the local cemetery were about to be "removed" from there. So they offered their help in finding a peaceful and gentle solution to the conflict, which included their financial commitment to the castration and care of the cats. Day after day, they cared for well over 30 cats, they paid out of their own pockets to have them neutered and set up small cathouses and feeding places in a small garden allotment in an attempt to attract at least some of those cats to live there and they talked to people who felt annoyed by cats. Eventually, the local authorities gave their consent for the pussycats to continue living in the cemetery.

eitel und glauben nicht, dass ihm ihre menschliche Zuneigung besser gefallen würde als ein Leben in Freiheit. Sie würden ihn allerdings selbstverständlich zu sich holen, wenn er schwer krank wäre oder sich in Gefahr befinden würde.

Das Ehepaar hilft nicht nur, sondern zeigt auch Größe. Die beiden sind über 80 Jahre alt und leben noch immer nicht von der Erinnerung, sondern helfen jetzt, weil es notwendig ist. Sie verzichten auf private Tierhaltung, einen Einkaufsbummel durch die Katzenboutique und aus Liebe zu den lebenden Katzen vielleicht sogar eines Tages auf eine Urne für Pascha, wenn es einmal soweit ist. Sie achten vor allem das Leben und haben deshalb den Großen Preis von Gut Aiderbichl erhalten.

I spent many hours with the cats in that cemetery, myself. The retired couple described to me the individual characteristics and unique traits of the twelve cats still living there today. One of them is a male named Pascha. One can't help but admire his self-assured way as he walks among the headstones. He also likes to join people as they sit on one of the benches around the place. He doesn't have any problem with the landscapers in charge of keeping up the graves, and funerals have become an everyday part of life for him.

I asked the couple why they didn't just adopt Pascha, given how fond they'd grown of him. They said they wouldn't do it because of their fondness for the cat. They just want what's best for him and not for themselves. Not being of the self-conceited type, they can't picture Pascha preferring their human affection to his life in freedom. Of course, if he were seriously ill or in danger, they'd take him home in a heartbeat.

This couple doesn't just lend help, they also demonstrate excellence. Although they're both in their eighties now, they're not content with living on old memories. Rather, they choose to provide help wherever it's needed. They've decided not to keep any pets of their own or to go on any shopping trips to the cat boutiques. One day, in fact, they may even forgo buying an urn for Pascha when his time has come, simply out of love for the cats still living. And above all, they respect life, which is why they've really earned the outstanding Gut Aiderbichl Award.

Die Bauernkatzen vom Dirndltal

In Niederösterreich gibt es ein märchenhaftes Tal mit einem genauso romantischen Namen: Das Dirndltal, benannt nach einem wunderschön blühenden Strauch, der dort häufig vorkommt.

Bauer Leopold, der alleine auf seinem Berghof (seit kurzem das Aiderbichl im Dirndltal) wohnt, verlässt selten sein Zuhause. Er ist alleinstehend, und seine einzigen Mitbewohner sind unsere Rinder und seine Katzenfamilie.

Es sind mittlerweile 13 Katzen, die bei ihm leben, und noch zehn weitere, die auf einem verlassenen Nachbarhof zuhause sind, gemeinsam mit einem Hund, der sie bewacht.

Es sind tierliebe Nachbarn, die diese außergewöhnliche Aussiedlerfamilie verpflegen. In wenigen Wochen, wenn es kälter wird, werden sie ebenfalls auf Gut Aiderbichl im Dirndltal Einzug halten. Inzwischen sind sie kastriert und sterilisiert worden, geimpft und entwurmt.

The Farm Cats of Dirndltal

In Lower Austria, there's a magnificent valley with an equally romantic name: the valley of Dirndltal was named after a shrub with beautiful blossoms, which grows there in rich numbers.

Farmer Leopold lives alone on his mountain farm (which recently became the official Aiderbichl branch in Dirndltal), rarely leaving it. Living by himself, his only companions are our cattle and his family of cats.

At this point, there are 13 cats on his farm and ten more that live on an abandoned farm nearby, which they share with a dog that always watches over them.

Right now, there are animal-loving neighbors who take care of this unusual family of hermits. Several weeks from now, as the weather begins to turn colder, that family will also have a place at our Gut Aiderbichl sanctuary in the valley of Dirndltal. In the meanwhile, they've been spayed and neutered, immunized and vaccinated against parasites.

Was ich sonst noch über Katzen zu sagen hätte

Sind Katzen gnadenlose Mäuse- und Vogelquäler?

Wie wir selber sind auch Katzen nicht nur reine Individualisten. Die Natur hat sie geprägt, sie verfügen über Instinkte. Ausgestattet mit allerfeinsten Sinnen, kann die Katze wie kaum ein anderes Tier auf die Jagd gehen. Der Jagdtrieb gehört zur Katze einfach aus Überlebensgründen. Und zu diesem Trieb gehört auch das Spielen mit der Beute. Ich selbst habe natürlich, wie viele andere auch, ein Mitgefühl für die kleinen Nagetiere und Vögel, die von Katzen nun einmal gefangen und getötet werden, Vorspiel inklusive. Ein Freund hat mir ein Stück weit über das Dilemma hinweggeholfen. „Weißt Du“, hat er gesagt, „eine Katze würde doch nie 1000 Mäuse einfangen und sie beim Versuchslabor abgeben“. Ja, sie haben Triebe, aber hintertrieben sind sie nicht.

Rheumafelle und Katzen

Dass Rheumafelle Katzenfelle sind, ist mir erst wirklich bewusst geworden, seit ich mich dem Tierschutz widme. Immerhin: schon meine Oma hatte eines und schwor auf seine heilende Wirkung. Als ich mich dann näher damit beschäftigte, fand ich heraus, dass es auch in Zentral-Europa Katzenjäger gibt, die mit den Fellen erlegter oder geschlachteter Katzen viel Geld verdienen. Die heilende Wirkung des Fells allerdings ist nicht wirklich nachweisbar. Außerdem stehen genügend alternative Mittel bereit, die bei Rheuma helfen. Wer sich dennoch ein Katzenfell wünscht, muss wissen, dass eine Katze dafür unendlich leiden muss. Das Gleiche gilt für Gitarrenseiten aus Katzendarm.

What Else I'd Like to Add on the Subject of Cats

Are Cats Merciless Tormentors of Mice and Birds?

Like us, cats are more than just pure individualists. Conditioned by nature, they have instincts. Equipped with senses of the most sensitive kind, a cat can hunt for prey like hardly any other animal. Cats have the urge to hunt simply because their survival dictates it. And playing with prey is part of that urge. Naturally, like many other people, I'm not above feeling pity for all those small rodents and birds that cats inevitably will catch and kill and, yes, play with. However, a friend of mine helped me deal with that dilemma by making a very powerful argument. "You know," he said, "cats don't catch their 1,000 mice just to take them to some test lab for experiments, do they?" Cats may have certain urges, but at least they're not hypocrites.

Cats and Cat Blankets

The fact that cat blankets are really cat furs didn't really dawn on me until I started dedicating myself to the protection of animals. After all, even my grandmother used to have one and swear by its healing effects. Once I began to delve into the issue of cat blankets, I discovered that Central Europe has its own share of cat hunters making serious money with the fur from killed or butchered cats. The truth is there's no real evidence to suggest that the purported healing effects of cat fur are even true. Moreover, there are scores of alternatives to alleviate the effects of rheumatism. So if anyone still insists on cat fur, they need to know that some cat will suffer horrendously for it. The same goes for guitar strings made of cat intestines.

Hassen Katzen Hunde und umgekehrt?

Dass es sich zwischen den beiden Arten um eine ererbte Feindschaft handelt, ist völliger Unsinn. Haben die beiden einmal ihre Missverständnisse ausgeräumt oder wachsen miteinander auf, können sich sogar echte Freundschaften entwickeln. Ein klassisches Missverständnis ist das Schwanzwedeln, was bei Katzen nicht Freude, sondern oft Ankündigung zum Angriff bedeutet. Oder denken Sie an das Knurren eines Hundes – es ist sicherlich anders gemeint als das Schnurren einer Katze. Sie müssen sich erst verstehen lernen.

Stehen Katzen wirklich auf asiatischen Speiseplänen?

Das Leid der Katzen in einigen asiatischen Ländern ist unermesslich und für uns kaum vorstellbar. Katzenfleisch erfreut sich in einigen Provinzen immer noch großer Beliebtheit. Aber auch wir tragen oft nichts ahnend dazu bei, dass dort Katzen als Nutztiere qualvoll gehalten und getötet werden. Pelzbesätze aus Fellen von Hunden und Katzen werden in viele Länder exportiert.

Wie tun sich Mensch und Katze wechselseitig gut?

Viele ältere Menschen wählen als zuverlässigen Lebensabschnitts-Begleiter eine Katze als Haus- oder Wohnungsgenossen. Hier leisten die Katzen für den Menschen einen unermesslichen Dienst. Plötzlich ist wieder jemand da im Leben. Ist zärtlich, verschmust, gefolgschaftstreu – einfach da, wenn man niemanden mehr hat. Mit ihrem unkomplizierten Wesen, mit der Angewohnheit, ein Katzenklo zu benutzen und der grundsätzlichen Bereitschaft, auch Dosenfutter akzeptabel zu finden, unterstützen die Katzen von sich aus eine Tierhaltung, die auch für ältere Menschen zu schaffen ist. Ohne sich unter den Druck einer Bringschuld zu setzen, bieten sie den Menschen eine bessere Lebensqualität. Das gilt selbstverständlich auch für die Katzen, die sich als Familienmitglieder einfügen oder ein Single-Dasein jüngerer Menschen begleiten. Viele Menschen danken es ihnen, indem sie Katzen aus dem Tierheim oder junge Tiere, die man sonst töten würde, zu sich nehmen.

Do Cats Hate Dogs and Vice Versa?

Any claim of some inherited hostility between the two species is absolutely rubbish. The truth is once cats and dogs have resolved whatever misunderstanding they may have, or if they grow up together, they can even become true friends with each other. One of their classic misunderstandings involves tail wagging. When cats wag their tails, it's not out of joy but rather to signify they're ready to launch an attack. Likewise, a dog that's growling is apt to be in a whole different mood than a cat that's purring. It's all just a matter of understanding each other.

Is It True that Asian Menus Include Cats?

In some countries in Asia, cats are subjected to cruelty so immense we can barely imagine it. Cat meat still retains a large following in a number of regions. And, in our own frequently ignorant ways, we in the West help finance the excruciating conditions under which cats live and die as part of the productive livestock in that part of the world. Exports containing the fur trims of dogs and cats are shipped to a whole lot of countries.

How Can People and Cats Benefit from Each Other?

Seeking a loyal pet when they've reached the waning stage of their lives, a lot of senior citizens choose cats to keep them company in their houses or apartments. This is a time when cats provide people with the kind of support that can't be measured in money. Cats let you know you're no longer alone. They're tender, playful, loyal–and simply there for you when you no longer have anyone else. With their uncomplicated demeanor, their habit of using litter boxes and their general openness even to things like canned food, cats come close to being nature's gift to senior citizens when it comes to pets. Cats have a way of improving people's lives without ever feeling obligated to do so. Not to say that cats don't benefit from fitting in as a family member or as a companion to young singles either, of course. Lots of people return the favor by going to animal shelters to adopt cats or kittens that otherwise would be killed.

Patenschaften

Zur Philosophie von Gut Aiderbichl

Es waren die Menschen, die sich für Gut Aiderbichl engagieren, die einen Begriff geprägt haben, der in drei Worten ihre Gesinnung beschreibt: „Ich bin Aiderbichler!" Mit Gut Aiderbichl haben sie einen Ort und Menschen gefunden, die ihre Art von Tierliebe, ihre Gedanken, Gefühle und Hoffnungen verstehen. Und deshalb haben sie sich entschlossen, „Aiderbichler" zu werden. Über 1000 Tiere stehen derzeit auf elf Höfen in Deutschland und Österreich unter unserem Schutz.

Wie kann ich „Aiderbichler" werden und die Anliegen von Gut Aiderbichl unterstützen?

Pate/Mitglied werden

Zum Beispiel mit einer Paten-/Mitgliedschaft, die schon ab €10,00 monatlich möglich ist und Ihnen und Ihren Begleitpersonen an 365 Tagen im Jahr nicht nur freien Eintritt auf unseren Gütern in Henndorf und Deggendorf bietet, sondern auch Zugriff auf unsere Live-Kameras im Internet und vieles mehr.

Katzenpatenschaften

Gut Aiderbichl unterhält Gnadenhöfe der besonderen Art und ist kein klassisches Tierheim. Die Haltung unserer Katzen ist auf einen lebenslangen Verbleib bei uns ausgerichtet. Deshalb verfügen wir über einen Stamm gut ausgebildeter Tierpfleger, beste medizinische Versorgung und eine Haltung jenseits von Zwingern und Käfigen. Katzenpatenschaften können auf Wunsch mit der Benennung eines einzelnen Tieres, das bei uns lebt, abgeschlossen werden. Die Einnahmen kommen allen geretteten Katzen zugute.

Förderer der Gut Aiderbichl Stiftung werden

Außer den beiden großen bekannten Gütern gibt es noch neun weitere Höfe, auf denen viele von uns gerettete Tiere leben. Sie werden ausschließlich von den gemeinnützigen Gut Aiderbichl Stiftungen in Deutschland und Österreich unterstützt. Bitte helfen Sie uns. Spenden Sie und werden Sie schon mit einer einmaligen Spende Förderer von Gut Aiderbichl.

Um „Aiderbichler" zu werden, wenden Sie sich bitte an: Gut Aiderbichl Verwaltung, Johannes-Filzer-Straße 5, 5020 Salzburg oder telefonisch an: +43 (662) 62 53 95 oder per E-Mail an: info@gut-aiderbichl.com.

Sponsorships

About the Philosophy of Gut Aiderbichl

It was the people dedicating themselves to Gut Aiderbichl, who coined a phrase that puts their philosophy into three words, "I am an Aiderbichler!" In Gut Aiderbichl, they have found a place and people that identify with their level of love for animals, their thoughts, feelings, and hopes. That's what made them decide to become an "Aiderbichler." Currently, we have more than 1,000 animals under our care and protection in eleven sanctuaries in Germany and Austria.

How Can I Become an "Aiderbichler" and Support the Cause of Gut Aiderbichl?

Becoming a Sponsor/Member

A sponsorship or membership, for example, is available starting at just €10.00 ($15) a month. Not only does it provide you and traveling companions free admission to our sanctuaries in Henndorf and Deggendorf, but also with access to our live cameras on the Internet and a whole lot more.

Sponsoring Cats

Gut Aiderbichl operates a unique group of animal sanctuaries. It's not an animal shelter in the classic sense. Our cat care is geared towards the idea that they can spend the rest of their lives with us. That's why we have a team of highly trained animal caretakers, first-rate medical supplies and a care system that never relies on kennels or cages. On request, sponsorships of cats can be arranged just by naming an individual animal that lives with us. Proceeds are used for the benefit of all rescued cats.

Becoming a Promoter of the Gut Aiderbichl Foundation

In addition to our two major and well-known sanctuaries, we have nine more sanctuaries sheltering many animals we've rescued. They are exclusively supported by our non-profit Gut Aiderbichl Foundations in Germany and Austria. Please help us. By making just one donation, you can become a promoter of Gut Aiderbichl.

To become an "Aiderbichler," please contact: Gut Aiderbichl Verwaltung, Johannes-Filzer-Straße 5, 5020 Salzburg, Austria, phone +43 (662) 625395, or send your e-mail to: info@gut-aiderbichl.com.

IMPRINT

Editor: Michael Aufhauser
Gut Aiderbichl Stiftung, Gut Aiderbichl GmbH, Johannes-Filzer-Str. 5, A-5020 Salzburg
Responsible for content: Michael Aufhauser, Dieter Ehrengruber, Friederike Grünthal
Associates: Christian Dutz, Michaela Kalss, Sabine Schlömer, Helmut Schödel, Holde Sudenn
Photographs by Dieter Ehrengruber, Andreas Kolarik, Franz-Josef Lang, Franz Neumayr, Agnes Schindler, Alexandra Schlump, Markus Tschepp, Jürgen Weyrich, Zeppelzauer
Translation by Artes Translations: Conan Kirkpatrick
Design by Eva Reuters
Production by Sandra Jansen
Editorial coordination by Pit Pauen
Color separation by MT-Vreden, Vreden

Published by teNeues Publishing Group

teNeues Verlag GmbH + Co. KG
Am Selder 37
47906 Kempen, Germany
Tel.: 0049-(0)2152-916-0
Fax: 0049-(0)2152-916-111
e-mail: books@teneues.de

Press department: Andrea Rehn
Tel.: 0049-(0)2152-916-202
e-mail: arehn@teneues.de

teNeues Publishing Company
16 West 22nd Street
New York, NY 10010, USA
Tel.: 001-212-627-9090
Fax: 001-212-627-9511

teNeues Publishing UK Ltd.
P.O. Box 402
West Byfleet
KT14 7ZF, Great Britain
Tel.: 0044-1932-4035-09
Fax: 0044-1932-4035-14

teNeues France S.A.R.L.
93, rue Bannier
45000 Orléans, France
Tel.: 0033-2-3854-1071
Fax: 0033-2-3862-5340

www.teneues.com

ISBN: 978-3-8327-9279-4

Printed in Italy

Bibliographic information published by the Deutsche Nationalbibliothek.
The Deutsche Nationalbibliothek lists this publication in the Deutsche Nationalbibliografie; detailed bibliographic data are available in the Internet at http://dnb.d-nb.de.

teNeues Publishing Group
Kempen
Düsseldorf
Hamburg
London
Munich
New York
Paris

teNeues